《昆明市学术年会论文集(2007年)》编纂委员会

主　　编　　王月冲

副 主 编　　张家仁　李树勇　曾光宇

　　　　　　许钟麟　徐绍忠　张学华

委　　员　　罗　婷　李　青　余崇礼

　　　　　　王鸿武　赵永昌　张一方

　　　　　　张周生　杨振力　李小昆

　　　　　　卢开瑛　贺颖华

执行编辑　　栾　伟　王　青　苏春梅

《城市建设专辑》编纂委员会

主　　编　李树勇
副 主 编　安昆治　杨宝璋　王学海
　　　　　蒋鸿兴　吴　笙　余崇礼（执行）
　　　　　胥联勇　彭春明　刘　敏
编　　辑　贺银圣　段　青　金彦颖
封面摄影　张卫民

昆明市科学技术协会 编 / 王月冲 主编

昆明市学术年会论文集（2007年）

城市建设专辑

主　编：李树勇
副主编：安昆治　杨宝璋　王学海
　　　　蒋鸿兴　吴　笙　余崇礼（执行）
　　　　胥联勇　彭春明　刘　敏

昆明市建筑学会 编
云南大学出版社

图书在版编目（CIP）数据

城市建设专辑/李树勇主编. —昆明：云南大学出版社，2007

（昆明市学术年会论文集：2007年/王月冲主编）
ISBN 978-7-81112-481-1

Ⅰ．城… Ⅱ．李… Ⅲ．城市建设—中国—文集 Ⅳ．F299.2-53

中国版本图书馆 CIP 数据核字（2008）第 009774 号

昆明市学术年会论文集（2007年）
城市建设专辑
主　编：李树勇

策划编辑	张丽华
责任编辑	张丽华
封面设计	丁群亚　李成东
出版发行	云南大学出版社
印　　装	昆明市西山新雅彩印厂
开　　本	787mm×1092mm　1/16
印　　张	78.125
字　　数	2000 千
版　　次	2007 年 11 月第 1 版
印　　次	2007 年 11 月第 1 次印刷
书　　号	ISBN 978-7-81112-481-1
定　　价	200.00 元（共 8 册）

地　　址：云南省昆明市翠湖北路 2 号
　　　　　云南大学英华园（邮编：650091）
发行电话：(0871) 5033244　5031071
网　　址：http://www.ynup.com
E-mail：market@ynup.com

序

  由昆明市科学技术协会、中共昆明市委组织部、昆明市科技局、昆明市人事局共同举办的昆明市第九届自然科学优秀论文的评选活动，具有广泛的群众性、科技专业学科的学术性、组织领导的权威性，在昆明科技界具有深远的影响。经评选的论文，内容丰富、专业水平高，涵盖了城市规划、园林绿化、市政工程、建筑设计、工程结构、施工、建筑设备等，具有科学的建设思想、广博深刻的建筑宏论、睿智的科学技术、和谐的发展观。论文作者大部分是中青年专家，特别值得一提的是许多担任领导工作的科技工作者，他们在繁重的工作中，坚持科学发展观，紧密围绕新昆明建设、经济发展和科技进步，积极带头开展科学研究、学术交流，不断总结科研和科技实践的成果，推动昆明市科技发展，撰写的优秀科技论文，起到了领军带头作用。昆明市建筑学会积极组织参与昆明市第九届自然科学优秀论文评选活动，在这次活动中获二等奖论文两篇，获三等奖论文四篇，成绩斐然，可喜可贺。

  为了更加广泛和深入地进行学术交流、鼓励学术进步、推动科技发展、促进科技人才成长，我们将参加昆明市第九届自然科学优秀论文的 31 篇优秀论文编辑成《城市建设专辑》，作为《昆明市学术年会论文集（2007 年）》的分册出版，进行交流。在此，我们对获奖的同志表示祝贺，对积极参与和给予支持的各单位表示感谢！

2007 年 11 月 30 日

目　录

城市规划

论呈贡新城区的历史必然性 …………………………………… 周峰越　王学海（1）
调整规划思路　增设城市绿地 …………………………………………… 王学海（9）
"新城运动"启示录
　　——从"新城运动"看现代新昆明建设 ………………………………… 周　昕（15）
昆明向何处去
　　——解读"现代新昆明"规划 …………………………………………… 杨光均（21）
昆明呈贡新城雨水规划新思路 …………………………………………… 邸鸿斌（26）
昆明呈贡新城规划与实施研究 …………………………………………… 苏振宇（30）
滇中城市群跨区域发展的战略设想 ……………………………………… 王学海（33）
滇中城市群发展中的区域协调 …………………………………………… 王　晟（37）
追求城市的和谐发展
　　——论潞西总体规划中环境特色与城市发展的关系 ………………… 简海云（42）
滇南地区的区域城市化进展与模式探析
　　——从个开蒙城市群的规划建设说开去 ……………………………… 简海云（48）
城市总体规划中的区域协调
　　——以越南芽庄城市西部新区总规为例 ……………………………… 王　晟（55）

城市景观与园林

城市立交区景观设计探索
　　——以官南立交区景观设计为例 ……………………………………… 陈　文（60）
塑造富有活力的城市公共空间
　　——昆明南屏街步行商业空间设计 ……………………………… 王　军　后晓红（66）
风景名胜区规划中的资源保护与利用 …………………………………… 陈　文（70）
在传承与拓展中融贯发展
　　——对风景园林学科及景观设计学科的再认识 ………………… 程　健　吴　翔（77）

市政建设

城市初期雨水处置对策及工程实例 ……………………………… 李英豪　李　亚（81）
昆明市污水资源化可行性分析 …………………………………… 顾　玮　陈　炜（85）
从昆明污水处理谈建立完善中水回用系统 ……………………………… 陈　湛（91）
缓解路口拥堵应着眼于信号灯的加密和加强 …………………………… 李少宇（96）

昆大线（黄土坡—黑林铺段）拓宽改建工程 II 标段预应力锚索设计与施工
·· 王维广（101）

建筑设计论坛

从城市建筑到"城市花园"
　　——浅议昆明城市绿化空间的延伸 ············· 杨宝璋　王永利（106）
特色城镇的保护与发展
　　——建筑风格的探讨 ································· 蒋鸿兴（109）
清真寺建筑小议 ·· 田嘉农（115）
梦——我们的家 ·· 许　峻（117）
中小型建筑设计企业做品牌才能立足于市场 ·················· 蒋鸿兴（125）

建筑结构与施工

开洞对高层建筑静力风荷载的影响研究 ············· 秦　云　张耀春（130）
计算流体动力学在建筑风工程中的应用 ····················· 秦　云（137）
翠羽丹霞工程施工新工艺
　　——"顶不抹灰、地不找平"工法实践 ········· 邢马华　张锦文（143）
浅述基坑支挡结构的应用设计和管理 ·········· 杨炳庆　陈　建　黄栋华　张　林（147）

建筑设备

大理中民酒店中央空调冷热源及卫生热水热源方案的确定
　　——谈地表水水源热泵系统的应用 ········· 罗建方　李颂席　耿海波　沈　荣（160）
'99 世博会"人与自然馆"通风 ····························· 段灼伟（167）

论呈贡新城区的历史必然性*

周峰越[1]　王学海[2]

（1. 昆明市规划局　2. 昆明市规划设计研究院）

摘要：现代新昆明建设是进入21世纪昆明城市规划建设高瞻远瞩的大手笔，呈贡作为现代新昆明率先启动的新城建设，其建设的条件、机遇与优势，都显示出成为突破口的历史必然性。高标准的规划和先期开工的项目已经奠定了呈贡新城良好的开端。

关键词：呈贡新区　突破口　历史必然性

2005年5月16日呈贡新城建设随着市级行政机构搬迁项目的启动正式全面开展了。经过近两年时间的准备，现代新昆明的建设，从呈贡新城开始突破，现代新昆明的建设范围很大，为什么是呈贡新城成为建设突破口，这是由于呈贡新城所具有的综合发展优势条件决定的，具有其历史的必然性。

一、建设呈贡新城重塑春城丽景

昆明是建城历史逾千年的名城，优越的自然条件，优美的湖光山色和优良的气候条件，造就出昆明特色鲜明的城市风貌。进入20世纪80年代以来，随着城市人口的高速增长和大规模的城市现代化改造，滇池污染了，老城消失了，交通拥挤了……各种与现代化伴随的城市病一一出现，我们在获得现代城市文明的同时，丧失了城市曾有的魅力。建设现代新昆明，就是发扬昆明优势，做强做大中心城市，向世人展现一个名副其实的现代化的春城面貌。这是昆明城市化进程的必由之路，同时亦对云南省的城市化进程产生深远的影响。那么建设现代新昆明战略的机遇与挑战，现实与未来又是怎样一种背景？

1. 昆明城市的基本情况

昆明地处中国西南边陲，云贵高原中部。面积21111平方公里，属低纬高原山地季风气候，冬无严寒，夏无酷暑，平均气温15.1℃，全年日照时数2250小时，是全国闻名的"春城"。全市人口578万人，少数民族众多，民风淳朴。

昆明是云南省省会，国家首批历史文化名城，中国重要的旅游商贸城市和西南地区的中心城市之一，又是云南省唯一的特大城市，在本区域内城市首位度极高，同时也是全省的交通中枢。

---

* 本文获昆明市第九届自然科学优秀论文三等奖。

昆明由于优越的地理区位和自然条件，城市发展很快，继20世纪80年代以来城市人口突破百万成为特大城市之后，2000年"五普"城市人口又达到245万，城市规模迅速扩大的同时，城市建设、经济总量等城市经济社会发展指标也得到了调整增长。

2. 区域与城市竞争的白热化

要看到的是现在区域与城市竞争异常激烈，昆明横向比较的话就会看到其他城市的发展一点也不比昆明慢，就连在西部城市中，昆明的发展地位也面临挑战：

表1 西部城市前五名经济发展比较

城市	国内生产总值（亿元）		增长率（%）	
	2000	2003	1999~2000	2002~2003
成都	1315	1870.8	10.7	13
西安	689	940.35	13.1	13.5
昆明	625	812	8.4	10.3
兰州	309.4	—	8.8	—
南宁	294.1	501.75	9.3	10.7

从表中可看出，昆明不但没能缩小与前两名的差距，增长速度也低于它们。昆明如不能加快发展，在发展中解决制约城市快速、健康发展的各种问题的话，将在城市竞争中处于下风，在人才、资金、技术和项目的引进中处于劣势，并因此影响全省区域的发展。

3. 城市化发展的压力

云南是内陆山地省份，山地面积占到全省土地的93%，适合人类聚集发展并形成城市的地区非常稀少，这也是造成云南省城市化水平低下的主要原因（仅26%，远远低于全国平均的38%）。城市经济在全省GDP总量中的比例仅占55.5%，低于全国平均水平的82.4%，城市化进程滞后是云南省发展的一大突出矛盾。

而目前昆明市GDP总量占全省总量的近1/3，人均国内生产总值14800元，是全省人均水平的一倍以上，昆明市人口约占全省的1/7，财政收入约占1/4，是全省的文化、教育、科技、金融的主要密集地区。云南城市化步伐的加强，需要昆明做好"龙头"，强力拉动和推进。作为云南城市首位度最高的昆明，必然要发挥特大城市对生产要素聚集和扩散的功能，带动周边、影响滇中、辐射全省，大大推进全省的城市化进程。

4. 国家战略的机遇

随着中国—东盟自由贸易区的推进，使改革开放以来在太平洋对外开放战略格局中处于全国对外末梢的云南，一跃成为全国在印度洋开放战略格局的最前沿，从一个边远落后的内陆省份变成了全国对外经贸的重要区域。而作为云南省中心城市的昆明，也因为独特的区位交通优势，成为中国与东盟"10+1"合作的桥头堡，迎来了良好的发展机遇，在云南省发展战略中，昆明将逐步形成中国面向东南亚、南亚的贸易、旅游、金融、进出口加工中心和交通信息枢纽。

5. "春城"优势的发挥

昆明最大的优势之一是气候，滇池是昆明最好的资源，四季如春的气候，和高原明珠的滇池，使得昆明有可能建设成为中国乃至世界上气候最宜人，风光最美丽的著名城市。只要充分展示和发挥"春城"优势，真正实现四季如春的气候与高原湖泊、山地风光的完美结合，就一定能把昆明建成世界上人居环境最佳的湖滨城市之一，大幅度提升昆明城市的核心竞争力。（见图1）

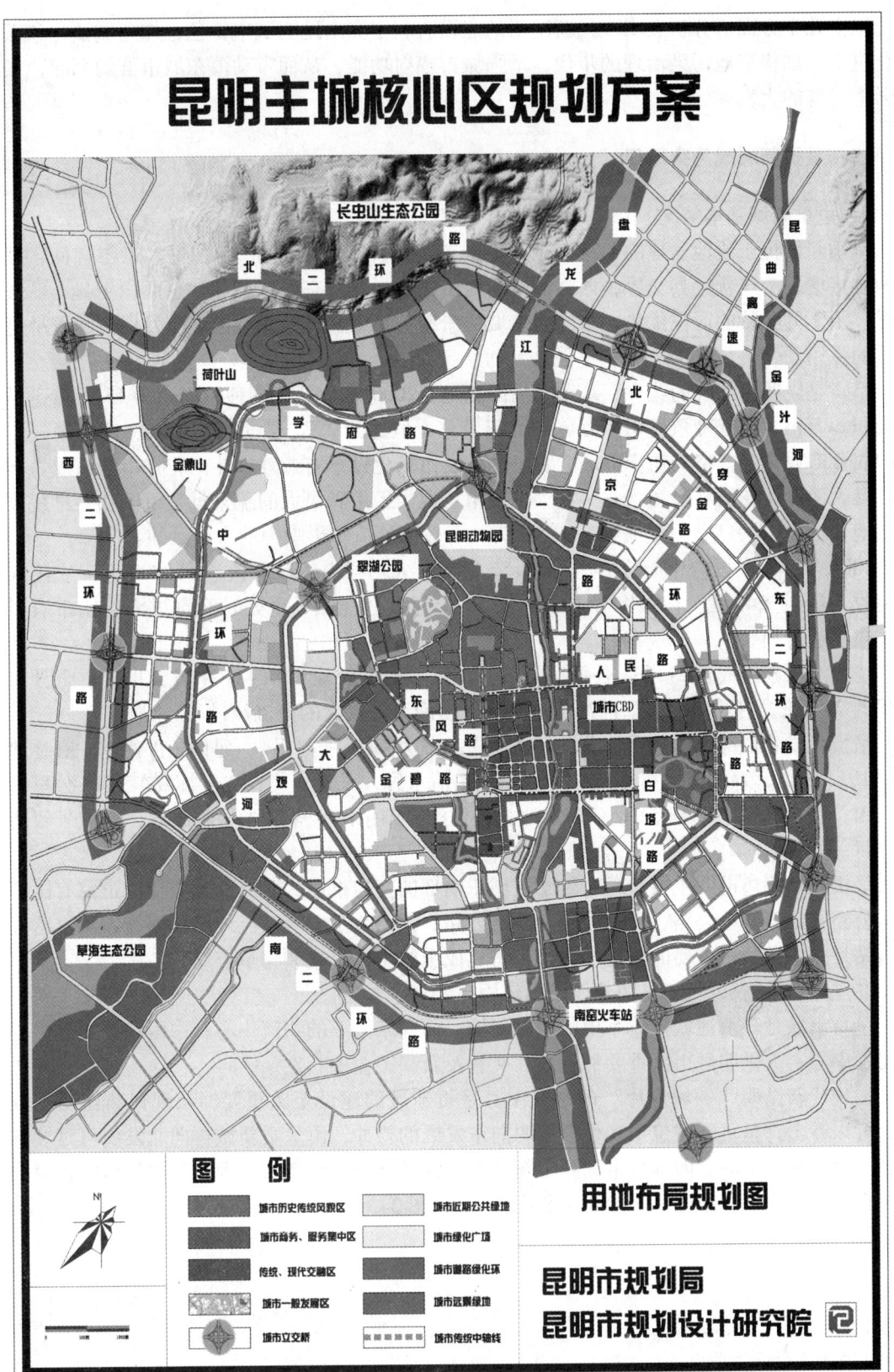

图1

以上几个方面的分析表明现代新昆明的建设有利于突出昆明城市特色，加速城镇化和工业化进程，加快滇池污染治理的步伐，增强城市辐射功能，从而带动滇东城市群的崛起，实现云南经济的大发展。

二、呈贡新城成为突破口

1. 呈贡新城基本情况

呈贡新城位于滇池盆地的东岸，昆明主城东南部，距东二环路15公里。东与宜良、澄江两县接壤，南与晋宁县交界，西临滇池与西山相望，北与官渡区相邻，总面积468.1平方公里。由于其独特的区位优势，和昆明主城的紧密关系，在昆明未来的城市发展中起着举足轻重的作用。

呈贡是昆明市传统的花卉、蔬菜、果园基地。2000年全县蔬菜种植面积为13万亩，果园面积8万亩，花卉种植面积2万亩，菜花果总产值达到2.77亿元，贸工农、产加销一体化的农业产业化经营格局初步形成。农产品批发市场建设卓有成效，斗南花卉市场已成为云南省最大的鲜切花交易市场；龙城蔬菜批发市场成为云南省最大的蔬菜批发市场和冬早蔬菜集散地。"斗南花卉"、"呈贡蔬菜"已成为具有较高价值和影响力的农产品知名品牌。

2000年，全县国内生产总值达到13.56亿元，人均国内生产总值达到8900元。农民人均纯收入达到3241元。1996年全县各镇及65个行政村（原办事处）全部进入昆明市农村奔小康先进行列。

境内滇池湖岸线长21.634公里，县域内汇入滇池的径流面积441平方公里，占全县总面积的94.2%，有马料河、瑶冲河、洛龙河、捞渔河等较大的河流经过。

呈贡新城建设范围内地质情况良好，地质承载力都在一至二级，建设条件优越。有林地面积191253亩，森林覆盖率达42.7%。呈贡山清水秀，风光秀美。位于县城东南18公里的梁王山，登峰鸟瞰"一览众山小"，滇池、抚仙湖、阳宗海3湖风光尽收眼底，春城景致历历在目。

呈贡新城距离昆明主城最近，处于主城东南部的交通枢纽，对外交通方便，道路有昆玉高速公路、昆石高速公路、安石公路和昆洛公路，铁路线主要有南昆线和昆河线，王家营火车南站是目前昆明市重要的货运站，未来将建成全国十八个集装箱节点站之一。

2. 呈贡新城在现代新昆明建设中的作用

呈贡新城是环滇池城镇体系中的东部新城；面向东南亚的物流中心；中国花卉交易中心及研发中心；大昆明城市区重要的行政、文教及新兴工业中心之一。

在现代新昆明"一城六片"的格局中，呈贡新城的建设至关重要，从现代新昆明规划图上可以看出，呈贡新城位于现代新昆明向东发展的要冲，由呈贡新城再向北发展可延续到新国际机场和航空城，向南可带动晋宁新城发展并延伸到海口新城。因此呈贡新城的建设成败将直接影响着现代新昆明建设的顺利推进。（见图2）

图 2

此外呈贡新城的建设将与主城更新改造联动，成为主城人口和产业疏导的重要空间，同时呈贡新城的建设也将为新城建设积累经验和人才，新城的建设成功也将促进昆明城市综合实力的提升，为现代新昆明的发展奠定坚实基础。

3. 呈贡新城能够成为突破口

从呈贡新城的基本情况中可以看出，呈贡新城在产业基础、交通区位、用地情况、景观环境、建设条件等方面都具有特别突出的优势，加上省委、省政府，市委、市政府的全力支持和强力推进，呈贡新城能够成为现代新昆明发展的突破口。

呈贡新城的建设将利用呈贡现有的自然优势和产业优势，发挥呈贡新城距离主城最近的区位优势，依托呈贡新城四通八达的交通条件，超常规快速发展，尽快形成一个城市建设用地为107平方公里、95万城市人口的"主导产业独具特色、经济实力雄厚、人民生活富裕、生态环境良好、功能结构完善"的昆明环滇城镇体系中重要的生态园林城市。

三、高标准建设呈贡新城

1. 呈贡新城的定位

呈贡新城的建设定位基于我们是要一个什么样的新城，这个新城可不是一个普通的、仅仅是为了安置一些居民和产业的城镇，而是一个未来之城、文化之城、山水之城，这样一个城市，除了市级行政机关的带动之外，更多的是要能满足人们未来的各种不同类型的需要，用山水园林城市来要求，成为吸引人们前来创业和生活的，环境优美、和谐自然、山水生态的魅力十足的理想春城。（见图 3）

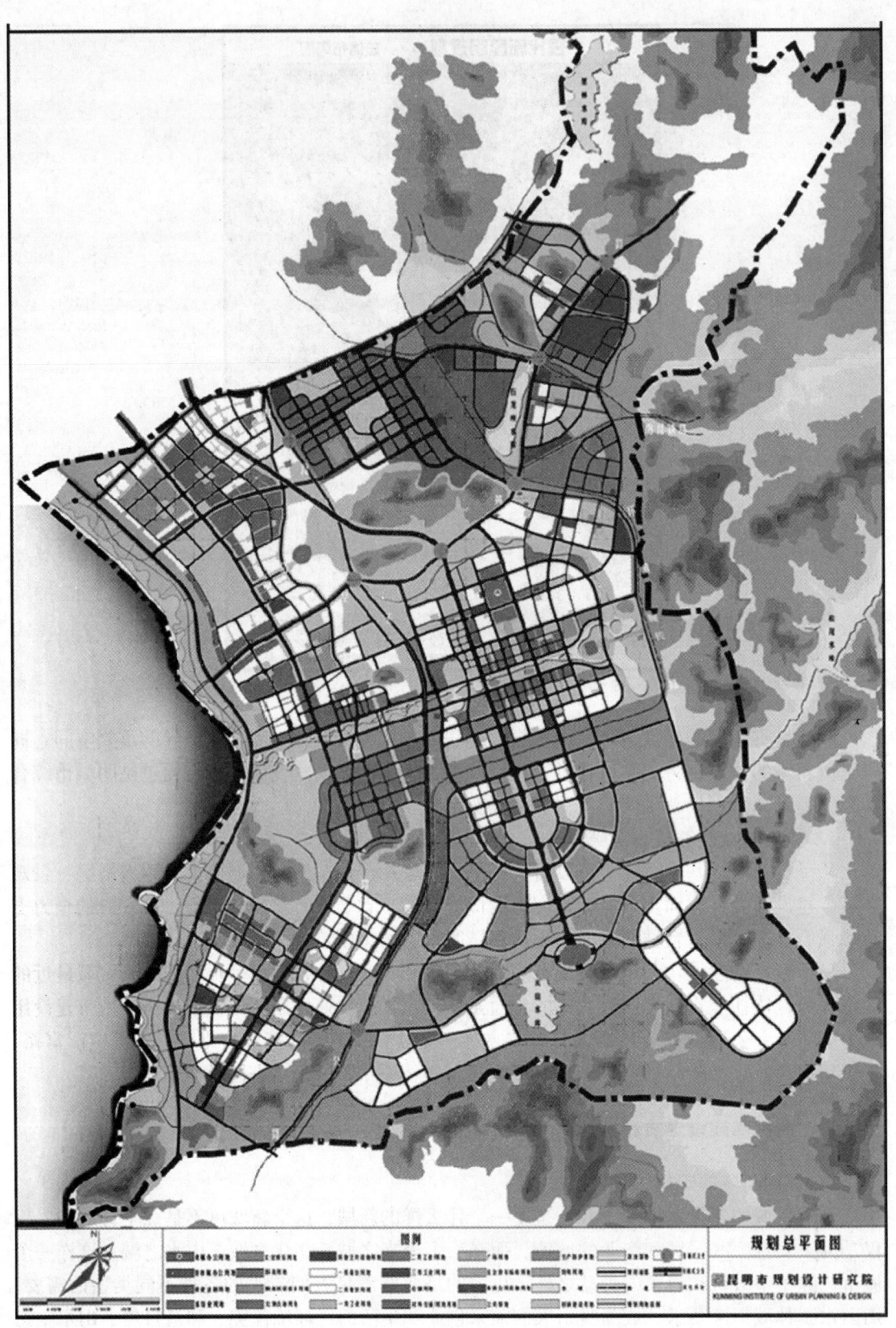

图3 新城规划总图

2. 呈贡新城建设的高标准

呈贡新城的建设一定要是高标准的，在呈贡新城的专业规划和各个分区的控制性详细规划中都加以贯彻和坚决执行，高标准从几个方面加以体现：

（1）高环境质量标准：走城市可持续发展道路，以高标准、高质量的城市绿化环境为目标，充分利用山体、河流等现状自然绿化，划定保护区，恢复和强化森林及沿河绿化。结合环境保护，合理布局各类防护绿地和永久性生态绿地，强化主要交通干道与景观道路的绿化建设，保护和改善城市生态环境。规划期末，城市绿地率达到50%以上，人均绿地$50m^2$以上，其中人均公共绿地$15m^2$以上。

（2）高景观质量标准：与滇池风景名胜区紧密结合，创造出具有时代特色的城市人文景观，利用呈贡新城优美的自然风光，结合山、水自然要素和绿化系统，依托两条相互垂直的"十"字形景观轴线，组织层次分明、显山露水，既有城市现代风貌，又有自然生态环境的"新春城"景观形象。

（3）高标准市政设施：呈贡新城的市政设施配套采用国际上先进的技术和标准，如分质供水技术、初期雨水收集及生态化处理利用技术、大系统中水回用技术、大容量室内变电站技术、市政综合管沟技术等，并实行与道路建设同步完成的政策规定，避免今后反复开挖。

3. 联动主城，重塑春城

建设呈贡新城要与昆明主城联动，搬迁一部分政府机构和教育文化设施之外，疏导昆明主城的部分功能和人口，要在新城加以安置解决，同步建设。经过现代新昆明大系统的规划协调，要让主城的人出来，让外地的项目和人进来，既建设了新城又完善改建了主城。

四、呈贡新城各功能区规划

1. 物流中心及工业区：洛羊和大冲片区组成，在王家营火车南站，形成集装箱运输为主的综合性现代物流基地，面向东南亚的国际物流中心；围绕货运中心，分别在其周围规划配套的工业区；具备仓储、运输、加工、贸易、海关监管、配套工业等功能，是信息交汇、物流服务、产业及国际交流的中心。

2. 国际花卉交易及研发区：斗南片区将充分发挥斗南花卉交易中心职能，扩大交易范围，配套相应功能。

3. 大学校园区：设置在新城东南部的雨花片区，引入省内省外和国际上知名大学，实现产、学、研一体化；利用昆明独特的气候条件，扩大园区内容，安排一些国际国内的中长期培训。

4. 国际行政商务区：吴家营中心片区，位于大学校园区与城市生活区的交接处，围绕轨道交通中心站设置商业金融、行政办公及配套生活居住设施。

5. 体育运动休闲区：乌龙片区，利用呈贡国家级体育训练基地的良好条件，扩大规模，配套完善相应设施，建成国际知名的高原体育训练基地。

6. 云药港：大渔片区，利用区内优良的自然环境，发展云南药业的科研、实验、参观教育基地。

7. 环湖湿地生态区：沿湖滨在环湖路与滇池之间恢复湿地生态，建成过滤流向滇池水体的、具有景观价值的生态区，建构保护滇池的湿地防线。并沿滇池湖岸布置大型城市公园，与生态湿地保护区一起维护城市的生物圈，达到可持续发展要求。

8. 城市生活区：在各片区最适于居住的部分布局不同档次的住宅区，为环境一流的居住社区。

五、呈贡新城区的近期建设项目

规划近、远期结合，既有可操作性强的近期实施规划及措施，又能远期宏观控制，随城市滚动发展，分期、分重点实施逐步完善。为保证呈贡新城的快速发展，现已启动如下项目：（见图4）

图4

吴家营片区：昆明市行政中心、昆明医学院附一院二部、新城商业中心、县园丁小区
大渔片区：云药港
雨花片区：云南师范大学、云南民族大学、云南中医学院、云南医学院、云南医学高等专科学校、昆明理工大学、村庄搬迁（柏枝营）
大冲片区：新加坡工业园
洛羊片区：物流中心

实现现代新昆明的战略目标，呈贡新城的建设即将打开一个突破口，随着建设的不断顺利推进，作为全省的中心城市，昆明，将向世人展现一个名副其实的现代化的春城面貌！

参考文献：

[1] 车智敏. 再造昆明——现代新昆明发展创意. 云南人民出版社、德宏民族出版社，2003

[2] 昆明经济工作手册. 2001, 2004

[3] 呈贡县城总体规划及相关专业规划和控制性详细规划

调整规划思路 增设城市绿地*

王学海

（昆明市规划设计研究院）

摘要： 针对昆明城市绿地现状及其存在问题，从规划角度提出调控引导城市绿地系统建设的思路与方法，以促进完善城市绿地，形成独特的与自然山水相融的城市绿地系统及多样的城市景观。

关键词： 城市绿地　规划调控　绿地建设

工作、生活、教育、休憩是城市的四大功能，合理布局四大功能的用地是保障城市正常运转和发展的基本要求，但处于高速发展中的中国城市，城市用地通常优先供给工作、生活、教育这三项对城市发展有直接促进作用的功能，城市休憩用地普遍较少，这种情况在城市中心区尤为突出。

一、城市绿化建设的规划反思

1. 城市建设中忽视绿化建设

城市发展无疑面对着诸多问题，重视绿化建设并非一味强调绿化优先，现实的情况通常是绿化建设并未得到其应该享有的地位。忽视绿化建设体现在城市各级规划中绿化用地指标不足（尤其是分区规划及控制性详细规划层次），城市规划确定的公共绿地常常因"重大项目"而被取消或削减，各项建设中配套的绿化设施常常被省略或简化等等。

昆明城市绿化建设被忽视的后果就是公共绿地增长缓慢，各项绿化指标严重偏低，通过几次城市总体规划的指标比较，可以看出昆明城市近期建设在高速发展的同时，用地迅速扩张，人口快速增长，而相应的城市绿地增量却极为有限，导致人均绿地指标不增反减。（见表1）

表1　昆明不同时期城市绿地指标比较

年份	城市绿地面积（ha）	绿化覆盖率（%）	人均公共绿地面积（m^2/人）
1980	90.88	8	1.15
1988	268.52	14.75	2.8
1999	946	30.06	7
2004	1450	26.78	6.04

相应的结果就是昆明城市绿化指标距离国家园林城市要求越来越远。（见表2）

---

*本文获昆明市第九届自然科学优秀论文三等奖。

表2　昆明城市绿化指标与国家园林城市指标比较

指标	昆明市现状	国家园林城市标准	相差数量	差距比例
绿地面积（公顷）	4626	5580（以现建城区面积180平方公里计算）	954	17.1%
绿化覆盖面积（公顷）	4822.18	6480（以现建城区面积180平方公里计算）	1657.82	25.6%
公共绿地面积（公顷）	1450.45	1800（以现有人口240万人计算）	349.55	19.4%
绿地率（%）	25.7	31	5.3	17.1%
绿化覆盖率（%）	26.78	36	9.22	25.6%
人均公共绿地面积（平方米）	6.04	7.5	1.46	19.4%

2. 城市绿化的消失

一方面是城市绿化各项指标的严重不足，另一方面城市绿化还面临着被蚕食而悄悄消失的情况，导致这种局面的因素主要来自于其他城市功能的强势争夺，包括对临街商业价值的追求，导致道路两侧空间硬质化；交通机动化快速发展导致对道路绿化带的侵占；城市苗圃和专用绿地被改变性质，用于其他性质的开发等。

3. 城市绿化效果不佳

城市绿化在有限的用地上建设，一些设置不当的方式更导致城市绿化效果不佳，具体的表现有城市建设中随意调整绿地系统规划，导致城市绿地系统断链，没有形成有规模、成体系的城市绿地；还有就是城市开发形成以多层为主的均质化空间，展现出的绿化效果较差（图1）；另外城市公共绿化的临时性强化摆设及建筑外立面屋顶绿化缺少规划指导，没有形成规范性、制度化的管理，这些问题的存在，进一步加剧了城市绿化效果不佳的状况。

图1　昆明城市局部航片

二、"花园城市"的良好范例

新加坡是世界著名的城市绿化典范,誉称为"花园城市",而实际上新加坡还是一个城市国家,国土面积仅647平方公里,国土面积并不能全部用于城市建设,在有限的用地中,新加坡创造出了优良的城市绿化景观,其经验主要有如下几个方面:

1. 完整的绿地系统

新加坡的绿化系统可以说是层次丰富、网络成形。层次丰富,指的是城市的自然保护区、公园、绿化廊道、绿地广场形成了点、线、面不同层次的城市绿化;而网络成形,则是指城市绿地系统利用自然的水域、山体,与城市绿化廊道组合成网络,串联起由大到小不同层次的城市绿化。

城市实现园林化,街道为绿色走廊,交叉路口为绿色三角洲。环形道的小"岛"铺草种花,行人天桥,电灯杆柱攀爬蔓藤(图2)。在这样的绿地系统中,城市环境已然成为一个完整的公园环境,而城市的建筑只不过成了公园中点缀的功能小品。

2. 充分利用自然景观

新加坡注意了对自然景观的保护和利用,不高的小山山体都覆盖了绿化,辟为了公园,临水的海岸线设置了宽阔的绿化带,在市中心成为绿带公园,而在远郊则成为自然保护区的一部分,宽阔的海湾更成为了远眺城市风光的前景。

通过山地绿化、海滨绿化,形成了花园中的城市风貌。

3. 疏密结合的建筑布局

在有限的国土面积中,建设高质量的绿化环境,疏密结合的建筑布局起到了关键的作用——新加坡的建设方针采用了高容积率、低建筑密度的高层建设模式,提高了绿地率,并有组织地将开发用地中的绿地与城市绿地系统相连,强化了城市绿地系统的效果。(图3)

4. 重视大树冠乔木

新加坡充分利用地处热带优越的植物生长条件,广泛种植大树冠乔木,极大地提高了城市的绿化覆盖率,使得城市的道路广场,甚至低矮的建筑都笼罩在绿树冠幅下,城市绿化效果极佳。(图4)

图2 新加坡街景　　　　图3 花园中的城市　　　　图4 绿荫覆盖的城市道路

5. 精致的绿化景观

对于街头小绿地和沿海绿化带等公共绿地,新加坡做得非常精致,从规划设计到绿化配置,以及小品和材料选择都认真精细,每做一个都力求形成有特色的城市绿化景观。

新加坡城市绿化建设的经验表明,城市规划(包括城市绿地系统规划)是确保城市绿化建设成效的关键因素,城市建设的战略思路通过城市规划确定后,经过坚决的贯彻实施,持之以恒是可以实现良好的目标的。

现在国内的许多城市已经积极地借鉴了这些城市绿化建设经验，通过一段时间的艰苦努力已经取得了良好的实施效果，城市绿化景观已然形成。（图5）

三、规划调控引导城市绿地系统建设

1. 形成城市绿地系统

城市绿地系统是一个城市绿化建设的基础框架，也是城市绿化建设的核心。昆明城市绿地系统规划曾获建设部的优秀规划设计二等奖（图6），但规划编制后没有坚决地推行，原规划确定的一些绿地建设项目现已无法实施，需要重新进行修编。在规划修编时，应明确提出城市绿地建设的目标和方向，这目标和方向与昆明城市的发展定位必须是完全相符的。完善城市绿化，形成独特的与自然山水相融的城市绿地系统。

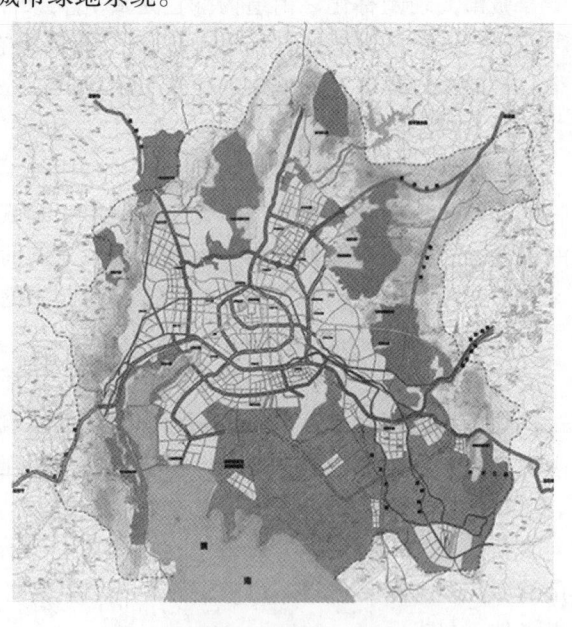

图5　绿荫环抱的山城重庆　　　　　　　图6　昆明城市绿地系统规划

（1）城市绿地系统规划一经批准应坚决并持之以恒的建设，好的规划需要好的实施才能变为现实，执行中的随意性将破坏绿地系统的形成。

（2）城市绿地系统建设应集中力量率先形成系统框架，今后再在系统框架上逐步建设完善，每增加一点系统整体效果都会十分明显，最不利的就是分散建设，把我们有限的资金的使用效率降低了。

（3）城市绿地系统建设时应掌握一定程度的灵活性，这主要是指城市建设时鼓励各项开发建设项目积极配合城市绿地系统的建设，对城市绿地系统建设有贡献的项目，城市规划管理上可采用容积率奖励等政策。

2. 加大公共绿地建设力度

要建设国家园林城市，公共绿地是一项重要的指标，提高公共绿地面积，意味着城市用地的分配上要在四大功能中向休闲用地倾斜，同时其他功能用地中也要加大公共绿地的比例，实施过程中要加强三个方面的工作：

（1）在城市土地投放中，要加大城市公共绿地的数量，使公共绿地的增加速度快于城市土地投放的速度（因为欠账过多）。建议土地开发时，先建设好公共绿地，再把公共绿地

四周的土地出让，让城市公共绿地带动四周土地的升值，再将土地升值，投入到公共绿地的建设中去。

（2）沿城市绿化带的开发建设项目，必须把其用地内的绿地紧邻绿化带建设，这样的布置可增大城市绿化带的效果和城市公共绿地的指标。（图7）

（3）城市建设应加大林荫道的建设力度，把通向郊外风景区的几条城市道路建成林荫大道，在入城的高速公路两侧建设林荫带，这样的建设既有景观、绿化效果，还有生态隔离的作用。

3. 全力提高城市绿地率

城市绿地率是城市绿化建设中的一项极为重要的指标，确保较高的城市绿地率不仅仅是城市绿化景观效果的问题，还有利于城市生态环境保护和水土保持等。提高城市绿地率是可以应用城市规划的管理手段加以调控的，其具体操作有如下3个重点：

（1）确立高绿地率指标、放宽建筑高度控制、奖励容积率的城市开发项目规划控制原则。由于人的主要视线范围都集中在人体高度附近，在相同的开发强度下，建筑密度越低，绿地率越高，人对空间的感受和绿化景观的体验效果会更好。

（2）配合这一规划控制原则，建议城市绿化管理工作可以实行对新、改建项目的绿化星级进行评定的管理措施，制定达到不同绿地率指标的星级，并向社会公示，以激励各项目努力提高绿地率指标。

（3）挖掘专有绿地的潜力，制定专门的政策奖励和促进各单位改善其用地内的绿化环境，并结合临时建筑的清理，要求临城市道路的专有绿地面向公众开敞。

4. 努力增加绿化覆盖率

城市绿化覆盖率是昆明城市绿化建设指标中最落后的一项，与国家园林城市的要求相差比例高达25.6%，要创建国家园林城市，城市绿化覆盖率必须取得突破性的增长。一方面随着绿地率的增长，绿化覆盖率也相应提高；另一方面，可以抓好下面三个方面的工作来实现。（图8）

图7　金碧公园

图8　盘龙江绿带建设

（1）在今后的城市绿化建设中，多采用大乔木的种植，尤其是冠幅较大的乔木树种。建议在绿化建设政策中增加两项控制指标——乔灌木种植比例以及单位面积中的乔木种植数量。如在绿色生态小区建设指标里规定乔木数量要大于3株/100m^2绿地，乔木、灌木种植面积比例要大于6:4。（图9）

（2）鼓励硬质绿地的建设。如在硬质铺装广场上补植乔木、露天停车场甚至一部分小区内道路采用硬质绿地的方式等。

（3）奖励见缝插绿的行为。对单位用地内的硬地实施硬质绿化的奖励政策、配套专有绿地的建设奖励政策，鼓励促进各单位或开发项目提高绿化覆盖率。

5. 营造多样的城市绿化环境

除以上明确指标的绿化建设目标坚决而持之以恒的实施以外，作为春城，创建国家园林城市还要注意营造出有自身特色的、丰富多样的城市绿化环境，具体可以从以下几个方面入手：

图9　乔木树冠覆盖下的翠湖环路绿化

（1）重视主体绿化的建设，鼓励市民和各单位绿化自己建筑的外墙面和屋顶，形成满目皆绿的城市绿化环境。

（2）利用和发挥昆明的鲜花优势，打造出有自己特色的绿化景观。制定规范的鲜花摆放制度及摆放规划，在市区内建设一个专门针对旅游者的，具有高品质环境的鲜花交易市场。

耐心而细致地做好每一个工作步骤，尤其持之以恒，是需要反复强调的，因为绿化植物是有生命的，不像建筑可以在很短时间内堆砌起来，它们有自己的生命周期和生长规律，必须细心地呵护它们，违反自然规律，拔苗助长式的绿化建设都是不可取的。

"新城运动"启示录

——从"新城运动"看现代新昆明建设

周 昕

(昆明市规划设计研究院)

摘要： 新城建设并非单纯的物质性建设或房地产开发活动，新城的健康成长是在好的发展政策指导、准确的产业定位、完善的总体规划和具有可操作性的开发策略的指导与控制下完成的。现代新昆明的建设应从新城空间发展体系、空间模式及人口与就业的平衡等方面有所考虑。

关键词： 新城运动　现代新昆明　经验

"新城运动"起源于英国人霍华德的"田园城市"理论，但最直接地促进"新城运动"理论形成的应是恩维和惠依顿将"田园城市"理论进一步发展后的理论。20世纪初，大城市的快速发展，不可避免地带来空间的恶性膨胀，如何控制及疏散大城市人口成为突出的问题。为解决这一问题，"田园城市"理论的追随者恩维提出在大城市的外围建立卫星城市的设想；同一时期，美国人惠依顿也提出在大城市周围用绿地围起来，以限制城市的发展，并在绿地之外建立卫星城镇，使其与大城市保持一定的联系。这些理论的提出，使新城建设成为二战后世界范围内城市规划实践的主要内容之一。

一、发达国家的新城建设

1. 英国

欧洲国家的新城运动尤以英国最为典型。1946年，英国开始建设第一个新城——斯特文内儿，在以后的数十年里，英国先后建设了近40个新城，以20世纪60年代建造的米尔顿·凯恩斯为代表，其特点是城镇具有多种就业机会，社会就业平衡，交通便捷，生活接近自然，具有较大型的完善的公共服务设施，可以吸引较多的居民，对母城的依赖较小。

现在看来，新城建设确实适应了当时英国城市发展的需要。首先，新城对大城市过于集中的人口和经济活动起到了一定的"截流"作用；其次，新城建设由新城开发公司具体操作，新城开发公司以规划为指导，修建道路，划分工业区，修建长期出租的厂房，组织有效的交通及公共设施建设等，采取了多种措施吸引居民迁入，促使新城建设起到了组织郊区有计划发展的作用；再次，新城作为一种"社会平衡"的措施，在人口、就业等方面起到一定的平衡作用，也是促进大城市及区域协调发展的一种手段。

但英国的新城运动也有其局限性，资料表明，全英新城人口只有10%是从大城市迁出来的，伦敦只有5%，可见新城运动并未真正起到"疏散大城市人口"的目的。

2. 美国

可以说，小汽车的增多和公路的发达是美国新城运动最直接的推动因素。二战之后，在政府一系列优惠政策（包括汽车消费、高速公路、住宅建设和家庭购房）的刺激下，郊区化低密度蔓延成为城市空间增长的主导方式，而新城建设主要以发展高中档低密度住宅为主，功能过于单一，无法形成一个工作和生活基本自足的英国式新城，人们必须驾车去上班、上学、购物，这使得郊区化程度最高的美国同时也成为全世界汽车普及率最高的国家。这种"小汽车城市"发展模式的不经济性带来了巨大的负面影响：城市蔓延蚕食农田、牧场、森林，影响生态环境，也间接导致了中心市区的衰退、城市结构的失调、社会两极分化的扩大，进一步加剧了城市内部矛盾。

二、发展中国家的新城建设

伊朗首都德黑兰，由于受经济、社会和政治因素的影响，在1956年～1986年人口增长了4倍，这种人口的快速增长导致一系列人口、住房、交通和生态问题，为了解决这些问题，城市管理者建议环绕德黑兰周边建设5个人口规模为10万～50万的新城。经过十多年建设，没有一个新城能正常增长并达到人口及就业的预期数字，新城居民仍然依靠德黑兰市的教育、医疗和管理服务设施，新城仅仅扮演着"卧城"的角色。新城的规划并未解决德黑兰的城市交通、环境等问题，反而增加了新的交通问题，使得上下班交通高峰时段的交通阻塞更加严重，最终，德黑兰周边新城没能阻止旧城的人口增长，反而更加剧了德黑兰城市人口、经济空间的不平衡状况。

德黑兰城市体系由于缺乏整体性和综合性的大都市地区空间发展规划和政策指引，不能明确城市体系的空间结构、发展趋势及其相互关系。因此，在空间上不能统筹安排基础设施和公共服务设施，对新城缺乏综合和统一的管理，不能提供多种就业机会，最终导致新城的最初发展目标不能实现。

三、现代新昆明建设应借鉴的经验

为解决近年来因快速增长而产生的各种城市问题，昆明提出"以滇池为中心，在滇池东岸的呈贡，南岸的晋城、新街，西岸的昆阳、海口分别建设新城，与北岸的昆明主城一道构建山、水、城、林相互交融的城市区，并以此为契机，加大滇池治理力度，恢复滇池生态系统，全面提升昆明城市形象与综合竞争实力"的目标。

从世界范围的普遍经验看，新城策略不失为合理引导城市空间外向拓展，重构城市原有发展框架，积极促进区域内城乡协调发展的一条有效途径。然而新城建设并非单纯的物质性建设或房地产开发活动，新城的健康成长是在好的发展政策、准确的产业定位、完善的总体规划和具有可操作性的开发策略等的指导下完成的。国际上的新城运动对于现代新昆明的城市建设有着诸多启示。

1. 制定合理的新城空间发展体系

环湖新城的建设与规划从空间和产业上都与昆明21世纪城市发展战略和总体布局密切相关，应在统筹考虑环湖城市体系的空间结构、发展趋势及相互关联的基础上，更加有效地使用滇池盆地的有限资源，缩小城乡、区域之间的差距，并通过提高区域整体水平来增强昆明城市综合竞争力，以应对未来发展的挑战。

在环湖城市体系规划中，新城的功能首先必须弥补昆明城市中心职能的缺失，优化完善昆明总体城市结构；其次，新城规划应结合自身发展的优势，调整产业结构，整合城市空间，形成独具特色的城市功能，实现城市发展的最终目标。新昆明建设中，主城发展的重点是通过置换产业和疏散人口，完善市政基础设施，强化园林城市、历史文化名城特色，提升城市环境的整体质量，形成以金融、商贸、综合服务为主的区域核心。宏观区位条件最好的东城将形成面向东南亚、南亚的物流中心、中国花卉交易中心及研发中心，大昆明城市区重要的行政、文教及新兴工业中心之一。南城的发展主要依托便捷的交通优势、依山傍水的自然环境、深厚的历史文化底蕴，沿环湖高速公路形成组团式发展的旅游度假城。结合西城丰富的矿产资源和雄厚的工业基础，西城将形成以磷矿精加工、机械制造、电子仪表、旅游服务为主要产业的工业城（图1）。

图1 环湖城市体系空间格局

2. 以铁路与轻轨交通网络联系环滇池的各个新城，建立以公共交通为导向的城市空间模式

瑞典首都斯德哥尔摩坚持走新城建设与轨道交通密切结合的发展道路，使该市通勤方式中公共交通使用的比例高达46%，成为世界上可持续发展城市的一个典范。结合滇池流域的地形、地貌条件——盆地与丘陵相间、山多平地少，环湖新城的建设应围绕轨道交通站点高密度发展，为区域创造最理想的交通条件，达到通过与中心城相连的快速轨道交通向新城疏解人口的目的。各个新城之间大片的开、敞空间，既可开辟为公园或体育运动场地，也可作为农田保留下来，这种模式有利于节约土地、降低能耗和减少污染，实现区域生态环境的可持续发展。但这种以公共交通为主导的发展模式不会自动出现，必须有政府强有力的政策导向和长期不懈的努力，才能达到公共交通与城镇布局相互支持的良性发展目的（图2）。

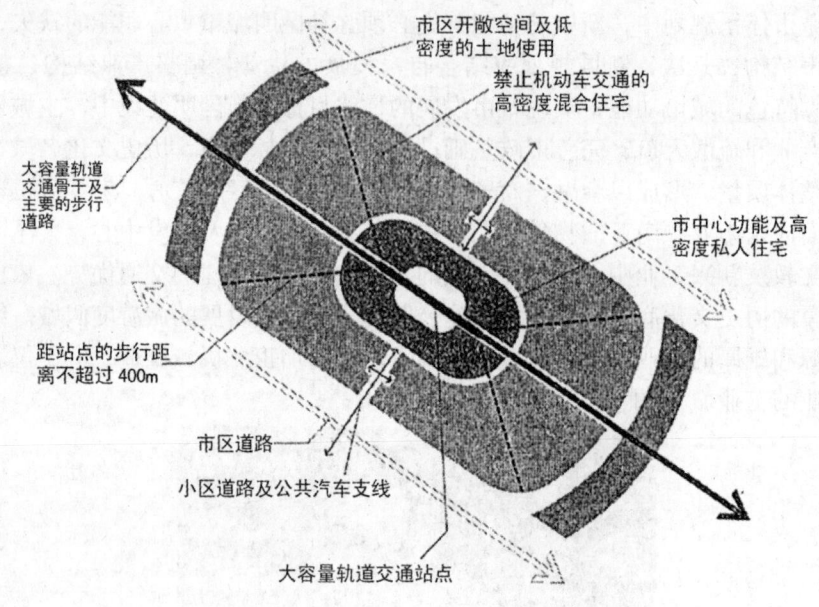

图2 以公共交通为导向的城市空间模式

3. 新城应提供多样化的就业机会，促进人口与就业的平衡

新昆明的建设应结合现有城镇的现状特点，确定新城功能和产业发展方向，通过政策导向、多种经营与土地综合开发的整体运作，完善各个新城的公共设施与生活配套设施，基本上平衡分配新城内部的人口和就业机会，减少不必要的城际之间的交通流，缓解昆明中心城的交通问题。

新城的建设，采取组团和成长中心的空间组织方式，并通过轴线串联各功能区，最大限度地推进城市的建设和发展。以组团式结构规划各具特色的次级发展区，并以公共活动轴加以有机的联系，形成各自功能主体明确、尺度宜人的区域。同时，各成长中心在突出本区发展主题的前提下仍保留土地混合使用的弹性，既提供了多样化的就业岗位，又避免了因城市用地功能过于单一而产生时段性"空城"的现象。例如，东城在"组团集合、有机生长"的空间布局下划分为五大功能区域：综合性国际物流中心、以斗南花卉为主的国际花卉交易及研发区、将昆明教育资源整合形成的大学园区、围绕轨道交通中心站形成的国际行政商务区、依托现状国家体育训练基地建设的体育中心，各功能区特色鲜明，相互间形成了一定的优势互补（图3）。南城以"四纵三横"的交通干线为基本骨架，分别以晋城镇、马金铺乡、新街乡为基础，形成带状组团式结构，各组团在形态上相对独立，功能上联动发展。组团间的绿化隔离带既是城市环境缓冲带，同时亦能起到维系城市生态结构连续生长的作用（图4）。

4. 新城应结合自然、历史文化保护，塑造多样化的城市空间特色

新城建设周期较短，大规模大兴土木，很容易迷失原有的城市特质，形成"千城一面"的现象，导致社会生活与文化的缺失、城市生活的单调乏味。环湖新城的建设可借鉴西班牙巴塞罗那的新城发展理念：支持多样性，发展差异性，展示独特性，即在新城建设中，丰富传统内涵并赋予它新的形式，同时任何对城市发展起积极作用的要素都应有属于它的位置，得到应有的尊重与发扬，多样化的城市空间将为城市增添活力与魅力。

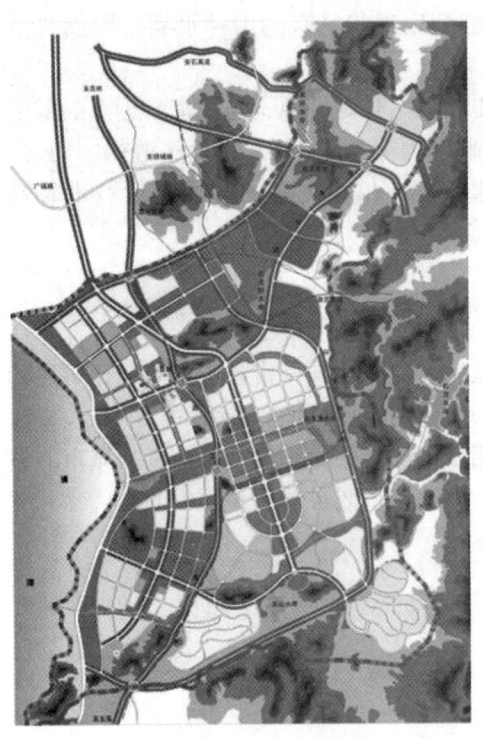
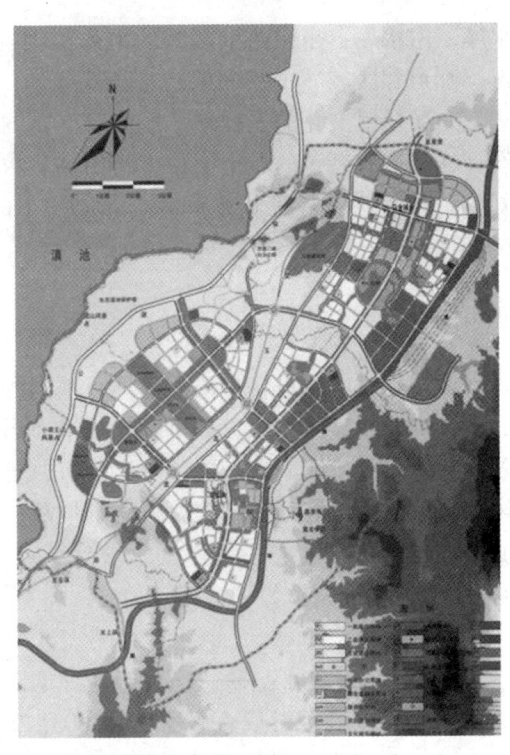

图 3　东城总体布局　　　　　　　　图 4　南城总体布局

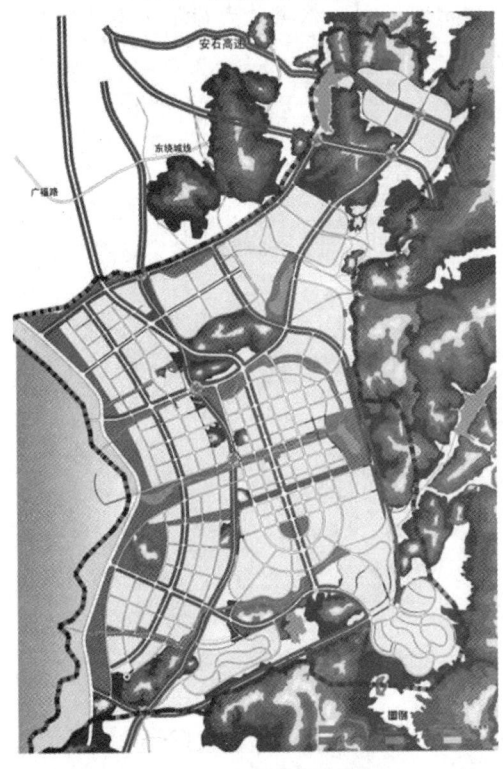
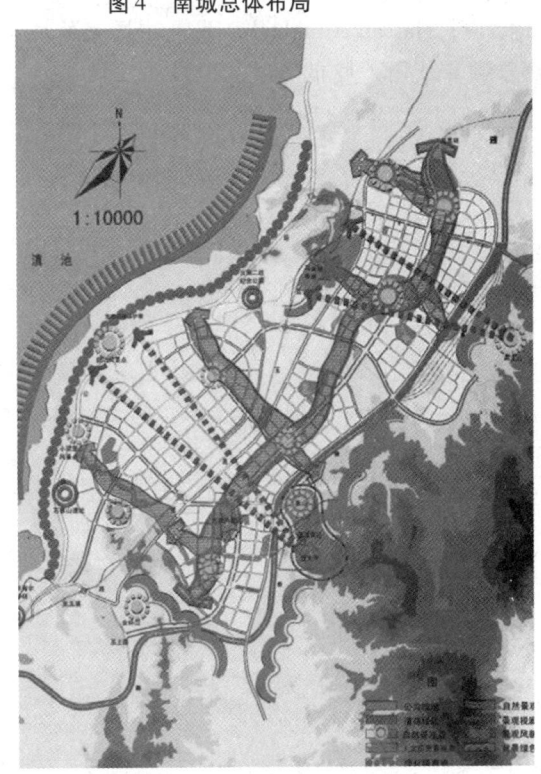

图 5　东城绿化景观规划　　　　　　图 6　南城绿化景观规划

　　东城东靠延绵的群山，西临浩渺的滇池，区内分布有乌龙堡、红毛山、老官山、长腰山等山体；境内有马料河、洛龙河和捞鱼河 3 条水系，分别源于果林水库、白龙潭水库和松茂水库，由水库自东向西贯穿城区汇入滇池。规划充分利用现状特有的山林水系，形成"节点、廊道和区域"的空间架构（图5）。

南城是滇文化的发祥地，区内有丰富的人文历史和自然景观资源，通过富有创意的城市设计，塑造有特色的城市形象，将山林、水体、公园及外部的组团隔离带、旅游休闲用地、郊野游览用地等有机联系起来，形成"山、水、林、城"相互交融的多样化的城市景观（图6）。

四、结语

环湖新城的建设将使滇池盆地范围内的生态用地和滇池水域与城市建成用地的比例达到6∶4，形成明显的城市大环境绿化效果，形成城乡一体化的优良环境和独特的自然、人文风貌；它也将是昆明未来发展的重大契机，可促进昆明城市功能的完整性，全面提高城市的整体综合实力，从容面对历史性机遇的挑战，崛起成为中国—东盟自由贸易区中的现代化开放城市。

参考文献：

[1]"一湖四片"——现代新昆明建设

[2] 昆明呈贡新城总体规划（2003~2020）

[3] 昆明南城总体规划（2003~2020）

[4] Hassan Afrakhteh. 发展中国家的城市增长和新城规划：德黑兰大都市区案例研究. 唐子颖译. 国外城市规划, 2003, (2)

昆明向何处去*

——解读"现代新昆明"规划

杨光均

(昆明市建筑设计研究院有限责任公司)

从2003年5月30日,中共云南省委、省政府正式提出建设"现代新昆明"发展战略起,两年多来,"现代新昆明"这个口号在昆明已经是家喻户晓、耳熟能详的一个词汇了,这个口号不仅是昆明经济社会发展的宏伟战略,也是昆明城市规划理念的一个大转变、大变革。现在让我们来解读一下这个"现代新昆明"吧!

一、昆明,1240岁的昆明城历史沿革

昆明历史悠久,早在3万年前,就有远古人类在滇池东岸繁衍生息。在2000多年前的战国时期就在滇池东南的晋宁建立了古滇国。是我国第一批历史文化名城。根据最新的历史研究,认定昆明城诞生于公元765年,南诏国时期的拓东城。2005年恰好是昆明建城1240年的华诞。

图1 环滇池城镇体系规划

---

*本文获昆明市第九届自然科学优秀论文三等奖。

1253年（元宪宗三年），元军占云南。时称鸭池城的昆明在《马可·波罗游记》中已被称为"壮丽的大城"。1276年建立云南行中书省，设昆明县，是行省首府。

1381年（明洪武十四年），朱元璋派傅友德、蓝玉、沐英率30万大军征伐云南，摧毁了梁王政权，在昆明建立了云南府城。府城城墙为砖城。周长9华里（约4443米），高约9米，有6座城门。

1658年（清顺治十五年），清兵由吴三桂率领入滇，占领云南后改明代承宣布政使司为云南省，设云贵总督在云南、贵州两省互驻，云南府府治在昆明。

1928年正式设昆明市，辖区面积38.5平方公里，人口20.7万人。

1950年，昆明市城区面积7.8平方公里，人口26.7万人。

2005年，昆明主城区面积180平方公里，人口300万人。

二、画地为牢，滇池成"雷区"，五十年来昆明城市规划的传统思路

1959年云南省、昆明市在国家建工部的协助下编制了第一个《昆明市城市总体规划》。1960年编制了《昆明城市十年（1962~1972）建设规划》。20年后，1981年又编制成《昆明市城市总体规划（1981~2000年）》。1984年1月国务院正式批准了该总体规划。以后又陆续编制了《昆明市城市总体规划调整大纲（1981~2000）》和《昆明城市总体规划（1996~2010）》。这些规划对指导昆明城市建设和发展起到了一定的积极作用。

国务院1984年的批复中强调："滇池是著名的高原湖泊，风光秀丽，周围名胜古迹较多，要十分注意对滇池的保护和管理，严格制止对滇池水质的污染，严禁围湖造田。"这个批复本无可非议，但是在国务院1999年7月10日关于《昆明城市总体规划（1996~2010)》的批复中，除了继续强调"切实保护和改善滇池的生态环境"外，还指示要"严格控制城市向滇池方向发展"。这个批复明确给昆明城市发展的方向划出了一个禁区。因此领导、规划师及市民普遍理解认为：要保护滇池，就是要将城市向北发展，主城要避开滇池。在这个思想指导下，昆明主城一直在原来清末、民国的城区框架下向四周辐射。从一环路发展到二环路再到外绕城线。直到前几年又把主城东北的最后一块耕地"吃掉"。主城区从1950年初的7.8平方公里，26.7万人，发展到33平方公里，进而到63平方公里，2000年城镇人口达260万人。主城面积增大了近八倍，人口则增长了约十倍。目前从卫星测绘图上看主城区已贴近城市三面的山地。主城的发展空间几乎已无地可"摊"了！城市化和工业化的发展，城市人口的急剧膨胀，导致昆明主城区33平方公里范围内人口平均密度达每平方公里2.7万人，局部地段更高达3万~5万人。继而造成：城市交通严重堵塞，滇池污染持续加剧，见缝插楼，春城少绿，城市人居环境差等弊端。1999年5月，昆明举办世博会前，当时昆明城市建设虽出现了一些亮点，给人以假象。时任全国政协主席的李瑞环同志来昆视察，他对昆明城市规划工作一针见血地提出：昆明规划工作落后，规划水平也低，规划执行不严肃……

对于所谓要保护滇池，就要"严格控制城市向滇池方向发展"的理论，笔者一直持怀疑态度。择水而居，滨水建城乃是古今中外临江河湖海地区建城的首选。因为怕污染水体，就将城市躲开的办法是消极和不现实的决策和思维。泰晤士河曾经被严重污染过，苏州河也是又黑又臭，太湖也是国家要重点治理的"三河三湖"之一，但是伦敦、上海、无锡等城市发展哪一个是采取"躲避"的办法？滇池被污染了，昆明城市要采取"躲"的对策，要避开滇池而发展，并堂而皇之地列入城市规划，这实在是昆明规划的一个误区。笔者经常打

一个浅显的比喻：未经过处理的污水从 30 公里外排入滇池和从 10 米远排入滇池，并没有本质的差别，滇池是城市发展禁区的思路应该反思。

●早在 1939 年，当时的昆明市政府工务局作的《大昆明城市计划》就是构思以滇池为中心发展昆明城市，并绘制了设想示意图，可惜此图在"文化大革命"中散失，编绘人也已作古，具体内容不得而知，当然那时尚不存在滇池污染这一难题，可能是出于建设滨水城市为出发点。

●1995 年 11 月 17 日，云南省系统工程学会召开第四次学术年会，会议以《城市建设与系统工程》为专题进行研讨。笔者应邀在大会上以《浅议当前昆明城市规划问题与对策》作了中心发言。笔者在发言中明确提出"昆明城市发展模式应是由主城—卫星城模式构成的滇池城市群，将滇池草海作为昆明主城之内湖，沿滇池外海一圈建设第三代独立式卫星城。由县级小城市构成。这种规划模式的前提是：第一，滇池外流域引水方案实施，滇池污染得到彻底治理。第二，沿湖修建高等级公路及轻轨铁路，使主城与卫星城有便捷的交通"。（全文刊登在《云南系统工程》1996 年第 1 期）以后在多次昆明城市规划研讨会上笔者都鼓吹过"滇池城市群"这一观点和思路。

●2002 年 10 月 18 日，云南经济日报刊载了云南大学熊思远教授在"昆明县域经济发展论坛"上的发言，也提出了"环滇池建国际都市昆明，全面提升城市文化品位"的观点。看来让昆明城市向滇池发展早已在不少人心中萌动。

三、解放思想、突破围城，走进滇池天地宽现代新昆明是昆明城市规划思想一个革命性的转变

"现代新昆明"规划的思想是以滇池环境保护和生态建设为前提，用十八年时间建设以滇池为核心的"一湖四环、一湖四片"的现代新昆明。

所谓"一湖四环"是指环湖公路、环湖截污、环湖生态、环湖新城，而"一湖四片"是指"一湖四环"中的环湖新城，即以滇池为中心，在滇池东岸的呈贡、南岸的晋城，西岸的昆阳、海口分别建设东、南、西三个新城，与北岸的昆明主城一道构建以山、水、城、林相互交融的山水园林生态城市。并以新城建设为契机，加大滇池治理力度，恢复滇池生态系统。

简而言之，就是将延伸了五十多年的在昆明主城"摊大饼"的城市规划模式转变成"一主三副"的环滇城市群的主城卫星城规划格局。从保护滇池就要避开滇池的消极指导思想转变为在保护滇池的前提下，以滇池为中心建环滇城市群的积极决策，说这个决策和转变是昆明城市规划思想的一个革命性转变决不为过。

按照"现代新昆明"规划，主城城市规模为 220 万人，用地 220 平方公里，是金融商贸综合服务中心，也是现代新昆明城市的核心。

呈贡新城（东城），城市规模：人口 95 万人，用地 100 平方公里，城市功能定位：面向东南亚的国际物流中心，中国花卉交易、研发中心，现代新昆明的行政、文教及新兴工业区之一。

晋宁新城（南城），城市规模：人口 75 万人，用地 80 平方公里，城市功能定位：依托深厚的历史文化底蕴，发展成新型旅游度假城。

海口新城（西城）。城市规模：人口 60 万人，用地 60 平方公里。城市功能定位：以磷化工、电子仪表为主要产业的工业城。

四、成也滇池，败也滇池，"现代新昆明"的成败关键在于滇池污染治理

滇池，昆明的母亲湖，素有"高原明珠"的美称。它是我国第六大淡水湖。唐宋时期水域面积为510平方公里，元朝、明朝时因疏浚海口河湖面先后下降到410平方公里和350平方公里，清朝面积降为320平方公里。由于"文化大革命"时期大搞"围海造田"以及随后工农业及建设用地的蚕食，目前滇池面积仅300平方公里了。滇池南北长约40公里，东西平均宽约7公里，湖岸线长163公里，库容12.9亿立方米。在滇池北部有所谓海埂将湖体分为南北两部分，海埂以南称为外海，海埂以北为草海。

伴随着滇池水面的逐年缩小以及昆明城市化、工业化的发展，滇池生态环境遭到破坏，每年排入滇池的工业和生活污水在2亿立方米以上，致使滇池水体严重富营养化，水葫芦疯长，蓝藻如绿色油漆覆盖着大块水面，滇池原有15种土著鱼，目前仅剩4种……

"现代新昆明"规划提出的"一湖四片"以滇池为中心的发展战略，虽然得到多数人的理解和支持，但是担心环滇新城的建设会加剧滇池污染的忧虑也是很自然的。人们常说：没有滇池就没有昆明。而现在可以这样说：没有将污染治理好的滇池，也就没有"现代新昆明"！

近十几年政府加大了滇池治理的力度。从20世纪90年代初至今已累计投入资金达44.3亿元，全市污水处理厂污水处理总规模已达55.5万吨/天，但是令人遗憾的是国家监测报告表明：滇池水质岿然不动为劣五类。几十亿元资金的投入换来的是"滇池水质总体保持稳定"（在劣五类）。

云南省、昆明市近几年来多次请中外的专家来会诊，也感到束手无策。

长期以来滇池治理一直在城市污水处理上下功夫，这是不错的。但是对滇池这样一个已进入衰老期的半封闭性湖泊，它没有大江大河注入，流入滇池的二十多条河，现在几乎都已成为城市大大小小的排污沟。水体自净能力差，蒸发量大于降水量，这些因素都不是一个污水处理能解决的。事实证明一条腿走路是不行的。滇池真的无可救药了吗？

有诗云："问渠哪得清如许，为有源头活水来。"笔者不揣冒昧，在1995年系统工程学会年会上就提出"只有外流域引水才能救滇池"。昆明市属的禄劝县就紧邻金沙江，其水量充沛，水质优良，离昆明滇池也不远。因此笔者提出从金沙江下游调水进滇池的设想。这个设想后来进一步展开深化，写出《新世纪滇池治理战略的思考》一文，发表在《云南建筑》2000年第1期上。

从最近报刊上披露的资料来看，从20世纪90年代开始，政府和有关部门就开始进行了"引水济昆"方案的研究。供比较的方案有五六个之多。主要倾向是从金沙江上游虎跳峡调水（即"滇中调水"）和从金沙江下游禄劝县调水这两个方案。

云南人民非常关注调水问题，在全国人大第五、六次会议上云南代表团正式向国家提出《关于把云南"滇中调水"列为国家西部大开发重大前期工作项目的建议》的提案。2005年11月19日传来好消息：滇中调水工程规划报告已通过国家级专家审查。至此，云南人五十年的企盼，终于有了希望，滇池治理也才真正出现了曙光，"现代新昆明"才能立于不败之地。调水规划中年均调水量达34.17亿立方米（一期为25.5亿立方米），其中明确指出供给湖泊环境补水量为6.17亿立方米。补水后滇池水质可达到三类水质指标。

五、观点与结论

● "现代新昆明"建设是一个宏伟的战略决策,对昆明经济社会发展有积极深远的影响。"现代新昆明"规划是昆明五十年规划指导思想的一个重大的革命性转折。方向是正确的,措施是可行的。

● "现代新昆明"以滇池为中心建设三个新城,与滇池污染治理不是不可解决的矛盾。外流域调水+环湖截污+污水处理可以使高原明珠重放异彩。

● "现代新昆明"建设大方向正确,但存在的问题和困难不可低估。如资金问题,初步估算建设"现代新昆明"资金高达2000亿~3000亿元。"滇中调水"耗时15年,资金达489.57亿元(一期工程总投资也要372.74亿元)。还有新城的产业支撑和功能定位问题,以晋宁新城为例,该区域现状城市人口仅2.7万人,依托一个历史文化名镇要发展到75万人旅游度假城其难度可想而知。

● 研究资料表明,当人均国民生产总值达到2000~4000美元时,"集中性的城市化"才能向"扩散性城市化"发展。这正是我们应走的路。

昆明向何处去?向南,环滇。

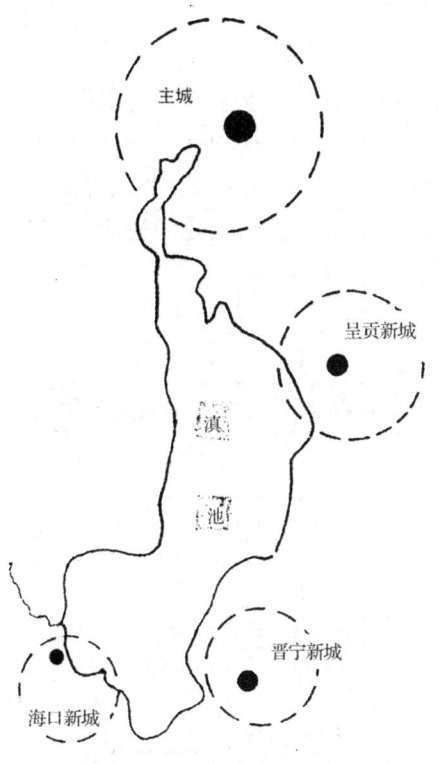

图2 现代新昆明的规划总体框架

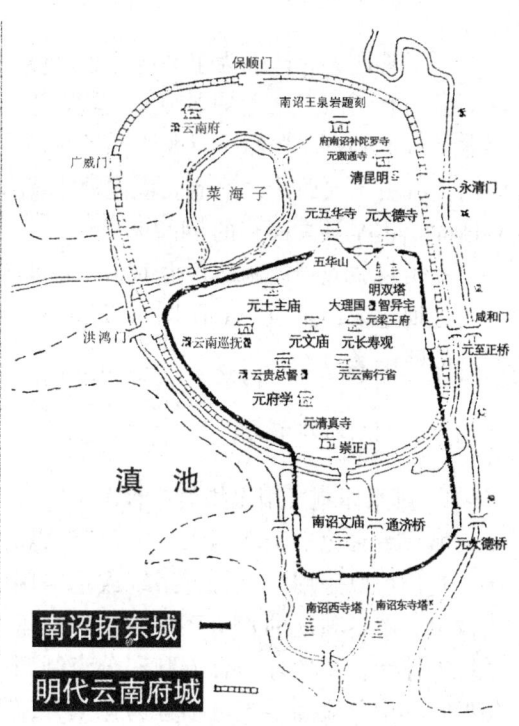

图3 昆明城池沿革示意图

昆明呈贡新城雨水规划新思路

邱鸿斌

（昆明市规划设计研究院）

摘要：在呈贡雨水专项规划中，呈贡的雨水排放采取源头控制和集中处理的方式，既对降低径流系数和对初期雨水的控制有着明显的效果，亦可降低呈贡新城雨水管网工程的造价，有利于更好地保护滇池。

关键词：初期雨水　源头控制　水质控制点　径流系数

一、呈贡概况

呈贡县地势总体上为东高西低，呈缓坡状，东为中低山地，中为台地丘陵，西为湖积平原。县内有瑶冲河（七甸老河）、马料河、洛龙河、捞鱼河、梁王河、南中河6条河流，除洛龙河因上游有白龙潭、黑龙潭和黄龙潭水源，为常流河外，其余5条均为季节性河流。6条河流都由东向西注入滇池。境内滇池湖岸线长21.534km，县域内汇入滇池的径流面积为441km^2，占全县总面积的94.2%。

呈贡新城规划控制面积为160km^2，是新昆明近期建设的重点，对昆明市发展具有重大的战略意义。

二、城市雨水规划

1. 排水体制及雨水排放流程

城市废水包括生活污水、工业废水和雨水，它们可以采用一个管道系统或是采用两个以上、各自独立的管道系统来排除。排水系统的体制，主要分为合流制和分流制两种类型。其中分流制系统可细分为完全分流排水系统、不完全分流排水系统和半分流排水系统。

总的看来，合流制排水系统，管道简单，管网建设比较经济，但是在降雨时大量进入污水处理厂的污水被雨水稀释，使污水浓度降低，造成污水处理厂的负荷增大，影响污水处理厂的安全生产。同时，污水管溢

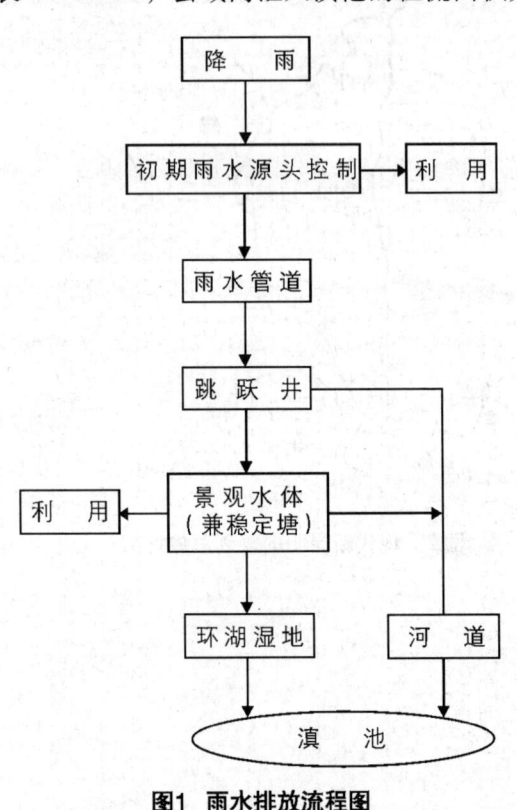

图1　雨水排放流程图

流出的雨水中含有大量的污水,对水体有较大的污染性,因此,在新城市建设中一般不选择合流制排水系统。分流制排水系统,对雨水和污水采用不同的管道收集排放,管道较复杂,但是对水体安全有重要保障,适应社会发展的需要。呈贡县城目前的建成区面积只有 3km^2 左右,未来绝大部分面积为新建区,城市建设将采用成片规划、成片开发的模式,十分有利于分流制管网的形成。同时,根据滇池保护的高要求,在降雨过程中初期雨水仍然具有相当大的污染性,因此,在新城市建设规划中采用了半分流排水系统,也就是设置了污水和雨水两套收集系统,污水通过污水管道进入污水处理厂处理后排放,雨水进入雨水系统,同时在干沟中设置雨水跳跃井,截流初期雨水和街道冲洗废水进入雨水处理池进行处理,在干沟雨水量超过截流量时,跳跃截流口经雨水出流干沟排入水体(图1)。

2. 雨水系统分区

在规划控制面积范围内,有马料河、洛龙河、捞鱼河3条河流,同时根据城市功能的要求,在城市建设中规划开挖一条河道(本文命名为"新开河")。结合河道位置、竖向规划确定地块、规划道路高程及山脊、山谷线等因素将呈贡雨水系统分为4个系统:①马料河系统,汇水面积为 26.30km^2;②洛龙河系统,汇水面积为 40.40km^2;③新开河系统,汇水面积为 18.50km^2;④捞鱼河系统,汇水面积为 57.10km^2。

3. 初期雨水源头控制

由于初期雨水水质较差,且水量较大,对环境的影响较大,特别是在湖泊及景观要求比较高的河流地区,初期雨水对水环境的影响更是不容忽视,因此,对初期雨水的收集处理是非常必要的。初期雨水的收集系统比较复杂,采用源头渗透控制初期雨水是高效、经济的措施。

(1)屋面初期雨水

①集蓄利用系统。雨水的集蓄利用系统可以分设为单体建筑物分散式和小区集中式两种(图2)。在雨水量较大、雨水相对集中的地区还可设置渗透设施,并与储水池相连,使溢流出的水通过渗透补充地下水,涵养地下水源。另外,对水量较大的区域,还可将集水池设在地面上,形成水面景观或直接开挖人工坑塘、湖泊等具有景观功能的蓄水设施,将雨水的净化、利用与城市景观结合起来。

②屋顶花园系统。屋顶花园是削减城市暴雨径流量、控制雨水污染的重要途径之一,也可作为雨水集蓄利用的预处理措施,屋顶花园同时也可以美化城市环境,改变城市气候。

(2)道路雨水

控制道路雨水的一般途径是雨水通过城市下水道排入城市污水处理厂进行处理后排入地表水体,或经路面下集雨窖简单处理后排入地表水体或渗透补充地下水。由于污水处理厂和雨窖的规模有一定限制,所以,在路面雨水控制中首先应考虑采取合理的措施控制、减少地表道路的径流量,如道路系统尽可能使用可渗透的铺装材料,步行道用铺地石和透水砖铺设,树池以疏松的树皮、木屑、碎石、镂空金属盖板等覆盖。其次,在住宅区的道路两侧沿着排水道可修建渗透浅沟,表面覆盖植被,以利于雨水向地下渗透。这种开放的排水系统与传统的排水系统相比,降低了下游的洪峰流量和流速,使道路雨水携带的污染物得到过滤,同时雨水渗透补充了地下水,涵养了地下水源,也有利于减轻城市道路排水系统的压力。

(3)绿地雨水

绿地径流基本上以渗透为主。同时,因为绿地植物—土壤系统对污染物质有显著的净化作用,故可利用绿地雨水渗透补充地下水。

因此,呈贡地区的初期雨水源头控制原则为:屋面材料杜绝采用高污染材料(如沥青、油毡等），尽量增加屋顶绿化，地面尽量增加绿化地带和可渗透地面，减少固化地面；主干道的雨水直接进入下水道；对庭院的道路排水道可修建表面覆盖植被渗透浅沟；对面积较大的单位和小区修建雨水塘（池），将雨水作为景观水或杂用水（图3）。

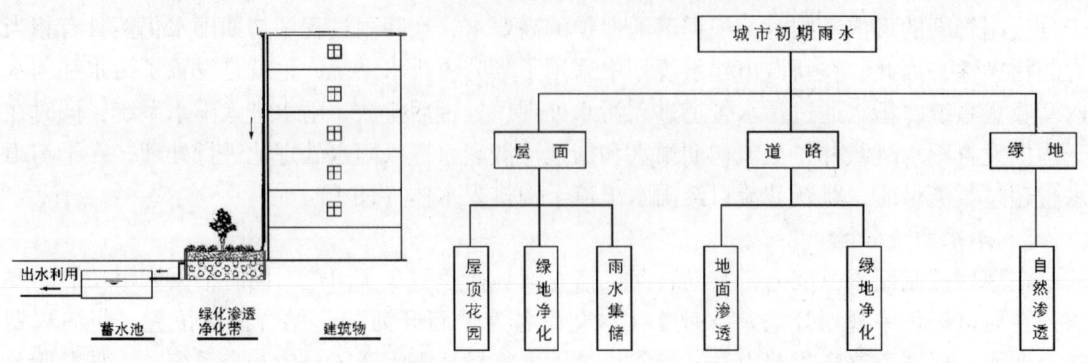

图2　城市屋顶雨水集蓄利用系统示意图　　　　图3　初期雨水源头控制图

因此，对初期雨水进行源头控制，不但可以使水质得到控制，而且可以降低雨水径流系数，使雨水汇集时间变长，降低雨水径流量的峰值，从而减小雨水管网的管径（图4）。

4. 雨水管网的布置

初期雨水经源头控制后，由于各种因素，初期雨水可能还具有一定的污染性，根据保护滇池的高要求，这部分城市面源污染仍然不可忽视，因此，必须对雨水作进一步处理。经过研究，雨水径流量与水质随时间的变化而变化（图5）。一般情况下，当降雨历时小于 t_0 时，污染物浓度大于 C_0，雨水进入水体中，对水体安全有较大的威胁；当降雨历时大于 t_0 时，污染物浓度小于 C_0，水体的自净化能力能够降解污染物，因此，点 L 称为水质控制点。对于污染物浓度大于水质控制点浓度的雨水，可以考虑利用截流管接到雨水塘中集中处理。

同传统分流制雨水管网相比，呈贡雨水干管末端设置有截流管（图6）。水质控制点对应的流量为 Q_0；当雨水的径流量小于 Q_0 时，雨水通过跳跃井进入截流管道，在径流量大于 Q_0 时，雨水溢流入河道。

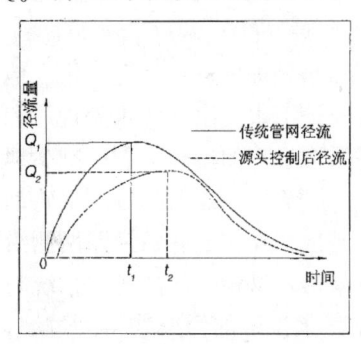 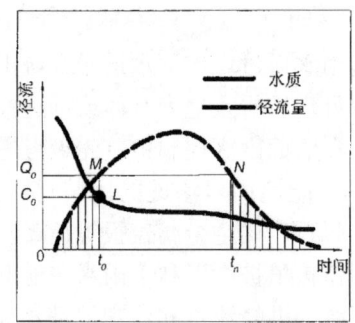 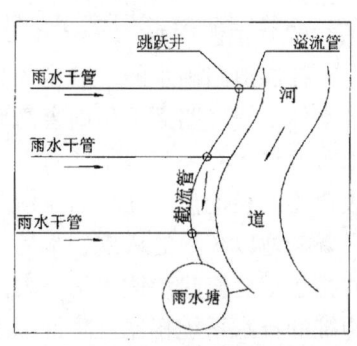

图4　雨水径流量比较　　　图5　雨水径流量与水质随时间的变化关系图　　　图6　雨水管布置示意图

5. 初期雨水的集中处理

城市初期雨水可通过雨水截流管道进入雨水塘，并在集中处理后排放到水体中或加以利用。同时，城市建设中水环境和水景观有着重要的地位，在呈贡新城规划区中，只有4条河流和4个小型水库，其中水库和马料河在规划区边界，不能很好地构成良好的城市水环境，因此，在城市水体面积不足的情况下，规划设置9个雨水塘，以增加城市水体比例，满足市民的亲水需求。

三、结语

呈贡新城采用的半分流排水体制，在国内尚属首次应用，雨水的截流倍数还难以确定，因此，应加强对雨水水质控制点的深入研究，即对昆明降雨径流量和径流水质等要不断检测和分析，以得到准确的水质控制点和科学的雨水截流倍数。

昆明呈贡新城规划与实施研究

苏振宇

（昆明市规划设计研究院）

摘要：结合昆明呈贡新城的具体情况，实事求是，探索城市规划编制与实施的最佳途径和方法，寻找最佳结合点，真正实现规划从文本图纸上到真实土地上的转变。

关键词：呈贡新城　前瞻性　多样性　公共性　服务性

呈贡新城的建设是云南省和昆明市城市建设史上的历史转折点，为抓住历史的发展机遇，医治老城区摊大饼带来的交通、污染等严重的城市病，恢复滇池的生态环境，省市政府制定了发展呈贡新城的宏观战略。呈贡的政治、经济和社会将在未来10年发生翻天覆地的变化，城市人口将从5万人的小城镇增加到近100万人的大城市。规划工作怎样适应市场机制条件下的剧烈变动，真正体现规划的龙头作用，避免充当非理性决策的工具，避免"千城一面"、"千城一招"毫无城市地方特色的"GDP"运动，把自下而上的市场运作和自上而下的规划体系结合在一起，我们联合国内、外的多家规划设计单位完成了呈贡新城的控制性详细规划编制任务，提出了实现呈贡新城规划的一些关键点。

一、规划前期工作的前瞻性和综合性

1. 前瞻性是规划编制的灵魂，是规划实施的目标和方向。因此，在规划编制前必须深入了解城市选址的宏观区位，综合分析各种发展条件和制约因素，我院充分利用多年积累的基础规划资料，完成了《云南滇中城市群研究》、《环滇池城镇体系规划》、《昆明都市区发展战略规划》、《环滇新城布局及产业发展设想》、《环湖综合交通体系规划》等综合了政治、经济、社会的各项规划，规划的前瞻性确保了呈贡新城的规划与大区域规划有较好的协调，确保了城市发展关键问题的合理解决，如土地资源、水资源、生态环境、灾害防治、滇池保护与湿地建设、城市空间和功能结构等。规划把新城的发展纳入滇中城市群区域，融入滇池盆地的整体城市网络布局结构之中，极大提高了规划的科学性，为城市的长远发展奠定基础。

2. 综合性是规划的必要条件和重要保障。在编制控制性详细规划之前，我院综合了国际招标方案，完成了呈贡新城总体规划修编，同时，建立规划院的协调机制和开放机制，有效发挥规划的综合协调能力，联合昆明市相关部门和专业设计单位，完成了呈贡新城的综合交通、景观风貌、供水、排水、电力、电信、能源、环境保护、管网综合等十多个专项规划，力争在各个片区控制性详细规划的编制之前，使各部门达到一致，纳入制度化、法定化的编制程序，使各项成果最终成为各部门和各级政府共同的行动纲领和技术准则，最后转化为一系列具体的政策和实施措施。

二、规划编制过程中的多样性、协调性和公共性

1. 多样性是城市富有生命力和长远发展的基础，单一功能城市将无法保证城市的可持续发展，从英国、德国传统的工业城市到中国锡、铜、金、油等资源性城市的衰落，从澳大利亚政治中心堪培拉的冷清到巴西的首都巴西利亚的单调都证明单一功能城市的严重缺陷性。

呈贡新城的发展将是多元化的、丰富的、复杂的，我们结合呈贡的实际情况和优势，把新城划分为8个片区，各个片区都有自己的优势和特色，面积15～20km^2，拥有规模化的效益和国际竞争力，同时，各片区本身内部的土地利用又是复合多功能的。如：吴家营中心片区是行政中心、商贸中心，复合了居住区；雨花片区是云南省大学高校的集中区，复合了医疗、研发、交通及高校的公共服务和后勤服务设施；斗南片区是花卉中心，复合了大量的研发、旅游、现代高科技农业和居住区；洛羊片区强调其东南亚物流中心的功能；大冲片区以工业产业为主；乌龙片区以体育、休闲度假产业为主，而环湖湿地片区则以环保为核心，严格控制土地开发，局部复合生态湿地的观光旅游。呈贡新城功能的多样性确保了城市的活力，同时，也为社会各部门和不同特长的发展商、企业家提供了机遇和平台，加速了城市的发展。

呈贡新城的多样性还体现在规划方案和建设理论的多样性上，为确保在短期内完成160km^{2}的控制性详细规划，我院联合了国内外的多家大型设计单位，按其所长，分别完成各片区的控制性详细规划，各家设计院共同讨论、相互借鉴，在规划中，各种设计理念交相辉映，新理论、新技术、新方法被充分应用到规划设计中，使各片区的控制性详细规划各具特色，为城市未来发展的建筑、艺术、文化多样性迈出了坚实的第一步。

2. 协调性是本次规划成功编制的关键环节。

首先，要充分协调各家设计单位，统一大的原则、思想、理念和规划标准深度，尤其是省外和国外的设计院，在设计中不脱离昆明的实际情况和要求，各个地块上的控制指标和道路、地下管网在设计中相互衔接，达到设计深度，确保规划意图得到贯彻落实。在规划过程中，我院花在沟通和协调方面的时间和精力占了全部时间的三分之一以上，最终使规划达到被各方接受并付诸实施。

其次，协调性主要体现在公众参与上，改革开放以来，城市建设经历了国家政府控制、政府主导、企业与市场推动等几个过程，至今，"公共参与"日益成为影响城市规划的重要力量，是城市规划民主化建设和规划监督机制建立的关键途径。本次控制性详细规划通过多层面（政府各部门、专家、市民），多渠道（网上公示、电视、报纸、记者招待会、专题演讲等），多地点（昆明市规划展览馆、呈贡县、新城管委会）展出，向市民宣传，广泛交流，征求社会各阶层的意见，不断修改完善规划方案，以获得大多数昆明市民和当地居民的广泛认同，从而有力地促进规划的实施和建设工作的顺利开展。

3. 公共性是规划控制的核心，是政府管理规划建设的本质。

规划是政府、开发商和市民三方之间的博弈，《宪法修正案》对私权的肯定，消费者权益的保护，尤其是近期房地产市场大规模的开发建设对市民的影响，使市民开始关注规划的公平、公开和公正。维护公共利益，关心弱势群体是本次规划的重点，主要体现在以下几个方面。

（1）综合交通体系：规划强调公交优先，规划设计了大运量的城际快速轨道交通、与主城相连接的轻轨系统、BRT系统、半径≤300m的常规公交网络等公共交通网络，同时，与之相配套，道路普遍设置了公交专用道，道路交叉口进行特殊的拓宽处理，规划大量公交站场等。

（2）公共设施配套：规划把环境优美、交通便捷的用地优先考虑给公共设施，配置了市级、片区级、小区级的公共设施，重点是依靠市场配置较难实现的公共设施，如医院、博

物馆、音乐厅、运动场馆、中小学等。在市政基础设施中，参照国外发达国家和昆明的实际，提出了分质供水、中水回用、雨水收集、恢复天然湿地等各项环保生态措施。真正体现了以人为本，以民为本的现代规划思想和理论。

（3）生态绿化系统：严格保护山体、森林和水面水系，制定最严格的环滇池湿地保护、恢复和实施措施，形成城市绿化系统的完整性、高效性和多样性，严格控制入湖的污染物总量；使人均公共绿地面积达全国领先水平，确保城市的长远发展目标，为广大市民提供优质的生态环境，再造春城，让春进城，真正实现山、水、林、城融为一体的未来生态城市。

（4）社会公平及三农问题：规划考虑了失地农民的生存和就业安置问题，制定补偿标准，预留了一定比例的土地作为农民的产业和安置用地。

（5）法定图则的编制：本次规划在遵守国家相关的指令性指标和指导性指标（如用地性质、密度、高度、容积率、停车泊位、建筑形式、色彩和体量，建筑的绿线、蓝线、紫线等等）外，我们大胆创新，在法定图则中规定了公交站点的位置和与之相接的步行出入口，同时，强制规定了地块内的步行道路系统，通过步行系统，行人可从公交站点到达所有的编号地块内，呈贡将建设成为在全国真正拥有完善的绿化步行系统的新城。

三、规划实施过程中的现实性、动态性、法制性、服务性

1. 现实是规划实施的基础，真实的现状是发展的起点，是不够理想的客观存在，但有其合理一面，改善现状获得发展是规划的目的，规划不可能一步实现，而是一步步从现在开始的一个过程，因此，我们必须重视解决实际问题的技术路线和方法创新，要尊重市场原则，大处着眼，小处着手，远处着眼，近处着手。

2. 城市发展是一个动态的过程，规划要认识到市场经济的灵活性和多变性，城市是社会、经济、政治与环境共同作用的一个过程，而不是结果，理想静态的城市事实上是不存在的，因此，我们应动态跟踪各种不确定因素，在城市长远发展的大目标、大背景下，不断优化资源的配置，进行协调行动，细化为操作办法，不断"精确制导"，使城市建设的每一步都与目标靠近，形成城市可持续发展的有机动态过程。城市建设应保证规划工作的适度超前和有效引导，避免头痛医头、脚痛医脚的城市建设通病，做到远近结合，局部与整体结合，注重行动，追求实效，把重点放到近期的建设行动上。

3. 中国的控制性详细规划有鲜明的中国特色，它是规划体系中的一个层次（包括了土地利用规划、工程设施规划、城市设计等），又包含了各种规划管理内容，与美欧国家的"区划法"有很大不同，因此，必须建立与之相适应的法律或规范，如《法定图则编制与审批》、《法定图则管理规章》、《法定图则技术标准》、《法定图则的变动和更改程序》等，才能做到公平合理、快速高效地实施规划，真正把控制性详细规划的内容在时间上和空间上落到实处。

4. 后期服务是控制性详细规划编制工作的延伸，因为任何高明的规划也不能一次性地满足城市建设的长期要求，因此，我院打破传统的"交图式规划"，充分发挥对呈贡总体情况了解和长期跟踪的优势，参与选址咨询、项目策划，为政府提供全方位、多层次服务，提供强有力的技术支持。同时我们也从中及时了解规划的实施情况，从而可以反思我们的规划理论和方法，不断积累实践经验，为下一次的规划或下一层次的规划做好充分的准备，为市委、市政府的重大决策提供依据，真正提高我们自身的规划水平，真正把规划落实到真实的土地上，从根本上把规划变"被动"为"主动"、变"开发商推动"为"政府合理引导"，与时俱进，开创昆明城市建设的未来之春。

滇中城市群跨区域发展的战略设想

王学海

(昆明市规划设计研究院)

摘要： 滇中区域对于云南省不仅是地理区位的中心，也是全省经济、文化的中心，更是全省城市化水平最高的地区和城市、城镇聚集的区域。发展全省经济，提高全省城市化水平，滇中地区的发展带动是一个非常关键的因素，但面临着省外类似区域的激烈竞争，面对着中国与东盟发展的良好机遇，滇中城市群的发展必须突破以行政区域各自为政的分散发展态势，形成"共赢"的合作发展机制。

关键词： 滇中　城市群　区域规划

一、滇中城市群的概念

1. 滇中城市群概念的范畴

滇中区域位于云南省中心，地处云贵高原用地相对平坦的中部，主要包括昆明市、玉溪市、曲靖市、楚雄州辖区及周边相邻地区。滇中城市群即位于滇中区域内地理位置相邻、发展关联的城市组群，在未来的发展中将形成类似都市区（metropolitan area）或城市带（megacities）的发展态势。由于该地区特殊的区位优势和优良的发展空间，现在已聚集了云南省主要的城市人口（约616万）和密集的城镇群落。

2. 滇中城市群在云南省的战略地位

滇中城市群地处云南省交通及经济文化的中心，中国与东盟的经济协作使云南省成为中国与东盟及南亚地区经济、文化交流的前沿，滇中城市群也成为中国通往东南亚、南亚的陆路与航空交通的枢纽和中国经济参与该地区合作的桥头堡。

从空间到发展基础，无论从哪一个方面看，滇中城市群都是云南省最有条件形成城市带的区域。

随着云南城市化的发展，滇中城市群以其地形相对平坦，城市集中连片的优势，将成为云南省坝区主要集中连片区域，将是云南城市化发展的主要区域。

3. 滇中城市群的发展潜力和竞争优势

滇中城市群已经初步形成以昆明为中心的包含一个特大城市、三个中等城市和若干小城市、小城镇在内的连片城市区域，在这个区域中拥有着较大的发展潜力和较强的竞争优势。

从发展潜力来看，虽然滇中城市群是云南省城市化水平最高、城市人口最集中的区域，但规模和水平较国内外发达地区仍有很大差距；同时，从地理空间上看，以昆明为中心500km半径范围内，没有第二个以特大城市为中心的城市吸引极，因此滇中城市群成为这广大区域中最具吸引力的城市发展地区。另外云南省是一个多山省份，94%的土地为山地，滇中城市群所在区域是云南坝区集中连片的地区，拥有发展城市的最佳用地空间，这个地区特有的磷、盐、煤等矿产资源及优越的旅游资源有利于支撑滇中城市群的产业发展。

从滇中城市群的竞争优势看，主要具备以下几个方面：（1）是中国通往东南亚、南亚的桥头堡，是国家战略上重要的交通枢纽，具有发展城市最重要的因素——交通优势；（2）滇中城市群具备优良的经济基础，烟草工业已形成聚集优势，冶金、机械、生物化学及特色农业具有相当规模，昆明作为金融商贸、旅游中心，具备支撑该区域发展的实力；（3）集中了云南省主要的文化、教育设施，具有与全国其他地区不同的融合少数民族文化在内的地方特色文化，大量集中的高校可为该区域发展提供专业的人才；（4）该区域气候条件优越，环境质量较高，是最适宜人类居住的地区之一。

滇中城市群充分地发挥自身的竞争优势，抓住机遇，激发强大的发展潜力，将可以发展成为中国乃至国际地区中重要的城市经济区。

二、滇中城市群规划的最初概念

1. "大昆明"区域规划合作的成果

随着昆明与瑞士苏黎世的技术合作深入，1997年由瑞士联邦发展与合作署支持，瑞士联邦理工大学（ETH）与昆明规划、交通、环保等部门及在昆大学共同合作开展了昆明城市区域规划研究。在这份研究报告中，核心内容是昆明今后的发展应突破现有的主城区域，形成9654平方公里范围的"大昆明"发展态势。该项研究的一个重要内容是把昆明放在从世界到国内不同区域层次上加以分析，其中在对滇中地区进行分析时，研究认为昆明应积极加强与地区内的协作，形成可带动全省及周边地区发展的城市区域。

2. 基于滇中区域的城市发展理念

研究成果提出，在云南这样一个经济较落后省份发展具备国际竞争力的城市区域，应具备600万以上城市人口规模，广泛地集中滇中地区的城市资源，形成共同发展的紧密区域。

滇中城市群应以昆明为中心，组合玉溪、曲靖、楚雄三个城市及周边城镇，形成跨越行政管辖界线的区域发展机制，组成优势互补、相互支持、区域协作的发展合力，从而建成一个可参与国际、国内竞争的城市经济区，进而带动全省发展，辐射周边地区，影响东南亚、南亚相邻区域。

这样的一种城市发展理念就要突破目前中国经济发展分散的普遍模式，即由多级城市政府来运营和管理的模式转变为协调发展联合"共赢"的模式。

3. 滇中城市群的空间距离和时间距离

滇中城市群形成紧密协同发展的模式就必须在滇中市群之间建立快捷通畅的联系，构建以高速公路和轨道交通为骨干的交通网络，建设以昆明为中心的网络型城市。

在这个网络型城市结构中，突破了传统空间距离的禁锢，建立起一种新型的时间距离观念——昆明至玉溪、曲靖、楚雄的距离不再是90公里、115公里、126公里的概念，而是1小时距离（不论是公路还是城际铁路），今后在滇中城市群中建立以昆明为中心1小时距离的都市区范围，都市区范围内任意两个城市之间不超过2小时通勤时间。建立在这样的一个高效网络上的都市区，滇中城市群将联合组成一个强大的经济共同体，通过共同体中各项建设的协调推进，实现整体发展的目标，改变分散建设的弱势，形成"1+3"大于"4"的集中建设强势。

三、滇中区域联合发展的必然趋势

1. 外部强势发展下的"弱势合纵"

随着经济全球化发展的快速推进,中国经济经过二十多年的改革开放,已在中国东部沿海形成了发展强劲、实力雄厚的经济带,闻名世界的"中国工厂"主要就集中在这一经济带上的"环渤海经济区"、"长三角经济区"和"珠三角经济区",在中国东、西部之间已形成了强烈的发展差异。而在西部之间,相对有限的发展机遇之争更趋白热化,无论是对投资、项目还是政策、舆论关注,每一项有利于本地区发展的因素,都引发西部各省区市的激烈竞争。在这种背景下,滇中区域的联合发展,可形成"弱势合纵"的合力发展,区域间协调发展已成为共识,区域间的项目建设已在交通、能源等方面形成联合,滇中城市群建设的联动趋势已越来越强。区域内各城市都已清晰的知道,只有建成一个强大的经济区域,才能在经济越来越开放的地区竞争中占据有利地位。

2. 区域内发展的"共赢"机制

滇中城市群的发展关键是形成项目统筹、建设、协调、联合发展的"共赢"机制,在这种"共赢"机制中,昆明作为区域中唯一的特大城市要树立并发挥中心作用,带动区域整体的发展,玉溪、曲靖、楚雄作为区域中的次级中心城市要在协助区域发展和带动周边城镇建设上发挥积极作用。在这种"共赢"机制下,区域内各城市要突破行政管理的局限,维护区域的发展,这当中,既要围绕昆明突出中心、强化中心,又要统筹协调兼顾发展,带动区域内其他城市和城镇的发展,只有不同的城市在区域建设的整体推进中都能受益,才能确保滇中城市群建设可持续发展。

要建立这种协作发展的"共赢"机制,区域规划及相关的法规是重要的保证。滇中城市群的建设应加快形成固定的协调组织机构,尽快编制出滇中城市群区域发展规划,并出台相关政策法规,争取省和国家的支持。在此框架上,各城市形成定期的建设协调机制,相互通报各自建设计划,在不断磨合中推进滇中城市群的整体建设和发展。

3. 有限资源的精确布置

滇中城市群的区域联合发展,一个关键的措施是对区域内有限资源进行精确布置,让有限资源整合发挥最大功效。在滇中城市群的发展资源中,旅游、矿产、土地及文化资源是自身特有的特色资源,是支撑滇中城市群发展的基础资源,但要对这些基础资源进行开发,关键是人才和投资,而这两项资源恰好是滇中城市群相对发达地区最为缺乏的。

要对区域内人才和投资进行精确布置,区域发展规划要发挥积极作用。通过科学的规划,引导项目在最适宜的地区进行建设,让投资在综合回报率最高的项目上优先使用,实现投资的精确布置;在区域发展规划指导下建立起区域内完善的市政设施和公共设施体系,使居住在滇中城市群当中的居民享有完善齐备的生活条件,缩小区域内的生活条件差距,使人才在最适合自己发挥的地方布局,实现人才的精确布置。

四、滇中城市群区域规划中的几个关键问题

1. 区域资源整合与政治合力

区域规划对滇中城市群的发展起到至关重要的作用,除此以外,区域资源整合与政治合力也是制约城市发展的关键问题。

区域规划要对滇中城市群区域内的资源进行整合,一个规划原则是区域优先,实现区域优先才能确保滇中城市群整体的长远发展,这在不同城市、城镇之间将形成发展先后的态势,对发展机遇相对较少的滇中城市群来说是一项困难的选择,在现行管理体制中,必要时

考虑由上级政府来加以协调。

滇中城市群要实现区域发展优先,一个重要工作是形成各城市、城镇之间的政治合力,即区域内城市共同争取发展政策,争取有利于区域发展的重大项目,政策共享,利益均沾。这就要求在不同行政区之间建立有效的沟通协调部门,反映各地城市的发展需求,互通信息,共同编制区域发展规划,并在规划指导下协调各地区城市之间的建设,利用区域内的政治合力,为区域规划中的发展项目积极争取政策支持和筹措建设资金。

2. 核心问题——发展协调

在滇中城市群区域发展规划编制和推行时,有一个核心问题需要加以慎重对待,即地区城市之间的发展协调,这关系到规划的合理制定和今后的顺利实施。

解决这一核心问题可从三个层次加以分析:

(1) 昆明对区域内其他城市的发展兼顾。昆明作为区域内唯一的特大城市,城市首位度高达12,资金、项目、人才的流入将首选昆明城市,这样的局面将破坏滇中城市群的整体发展,滇中城市群区域发展规划必须打破这样的固定模式,从区域优先的角度合理规划,甚至向其他城市发展进行倾斜。

(2) 区域内其他城市对昆明核心的维护。昆明是滇中城市群的核心,要实现滇中城市群的整体发展,并不是肢解这一核心,形成均匀中心。而是在区域发展规划编制时通过昆明这一中心的强化,带动整个区域的共同发展提高。这就要求其他城市的发展围绕昆明这一中心形成互动,在项目的推进中优先与中心联动的项目。

(3) 区域内其他城市的发展要加强协调,避免重复投资。相近条件的城市之间容易形成激烈竞争的局面,遵循区域优先的原则,加强城市间发展协调,从区域整体发展大局出发,达到城市间协调统一。另外,在区域内第二层次之间也应按照区域规划的安排,积极推进相互之间重大基础设施的对接。

3. 外部竞争与内部争先

省政府要积极推进滇中城市群的发展,要调整现行对区域内各地区城市的管理考评体系。从整体滇中城市群的区域发展优先角度把握地方行政机构的执政能力。这要摆正外部竞争与内部争先的关系,外部竞争是滇中城市群作为云南省的重要区域与国外、国内其他区域进行发展竞争,其竞争的结果决定着云南省经济、社会发展的速度和水平;而滇中城市群当中不同地区城市之间的竞争应作为内部争先来对待,应鼓励区域内城市间的相互促进发展,形成良性竞争;同时避免恶性竞争造成的浪费,使资源达到有效配置。

4. 可持续发展的思路

环境良好、气候优越是滇中城市群的一项重要优势,是吸引高质量项目的重要条件,因此在滇中城市群整体发展推进中应坚持可持续发展的思路,做好现有资源的保护措施。区域发展规划中要合理布局各项发展建设,不考虑对区域环境有破坏的项目进入,尽量避免有损区域环境的项目建设。

滇中城市群实现跨区域发展的战略设想已成为各级政府的共识,当前,随着中国与东盟自由贸易区建立时间的推进,云南省,特别是滇中城市群迎来了发展的大好机遇,各方应抓住机遇,统一规划,协调建设,积极推进滇中城市群的整体发展。

参考文献:

[1] 云南年鉴,2005

[2] 大昆明地区区域发展规划,2000年4月

[3] 现代新昆明环湖城镇体系规划概要,2003年6月

滇中城市群发展中的区域协调

王 晟

（昆明市规划设计研究院）

摘要： 区域协调的机制的建立，是发挥区域整体优势和提升竞争力的一项重要工作。昆、玉、曲、楚组成的滇中城市群是云南省发展的核心地区，有必要在发展中建立和完善协调机制。曲靖—昆明—玉溪是一条具有战略性的发展轴，对滇中城市发展意义重大，在规划和建设中应引起特别重视，并处理好与楚雄等城市与地区的相互关系，使整个区域的重大基础设施和公共服务设施能够共享。本文还结合现代新昆明的发展战略，提出了昆明与玉溪构建滇中经济区的"双城"极核的设想。

关键词： 滇中城市群区域协调　战略性发展轴

一、区域协调的必要性

中国经济发达地区的经验证明，由于当前体制缺乏区域协调的有效机制，当区域发展到一定阶段，区域经济一体化进程不断深入，各个地区从地方和局部利益考虑城市的发展，必然出现互不协调、互为掣肘的现象，阻碍区域整体优势的发挥和竞争力的提升。主要体现在：

（1）为吸引投资，城市间竞相以低于成本价出让土地（甚至零地价）；

（2）不管有没有条件，城市间竞相建设大型项目，如大学城、产业园、物流园等，导致资源利用率低下；

（3）区域性的机场、城际铁路、高速公路等大型基础设施，因缺乏分工协作而效率低下，或与各城市的发展构想不一致而进展缓慢；

（4）各个地区环境治理工作只局限在行政管辖范围，缺乏区域性的共同协调治理，造成生态环境局部改善，整体恶化的局面。由于江河流域上游的污染，下游地区经常出现"水质性"缺水，甚至造成重大损失。

为此，许多地区近年来都在理论上和实践中不断探索区域协调的有效机制，并完成了许多高质量的区域规划。如长江三角洲大规模的行政区兼并运动，《珠江三角洲城镇群协调发展规划》、《长株潭城市群区域规划》的编制，以及即将启动的长江三角洲地区和京津冀都市圈区域规划的研究和制定工作。

二、协调滇中城市群的迫切性

昆、玉、曲、楚组成的滇中城市群是云南省发展的核心地区，也是云南与川、桂、黔以及周边国家展开竞争与合作的战略性地区。按照《昆、曲、玉、楚城市群规划》的构架，昆明作为滇中城市群的内核，各城市紧密联系、互有交叉、功能互补。

表1 2002年"昆、玉、曲、楚"四市主要社会经济指标

指标	昆明市	玉溪市	楚雄州	曲靖市	四市合计与云南省比较
地域面积（万平方公里）	2.16	1.53	2.93	2.99	四市总额占云南省的34.35%
年末总人口（万人）	494.80	205.40	253.70	556.10	四市总额占云南省的34.85%
GDP（亿元）	730.08	273.08	125.46	254.40	四市总额占云南省的61.95%
第二产业占GDP比重	46.08	64.96	42.33	49.37	四市总额比云南省高3.18%
工业总产值（亿元）	265.84	165.43	45.22	110.96	四市总额占云南省的75.28%
财政收入占GDP比重	7.49	8.05	6.24	7.23	四市总额占云南省的4.61%
人均GDP（元）	14864.00	13360.00	4958.00	4596.00	四市均值为云南省的1.77倍
社会消费品销售总额（亿元）	293.00	38.67	33.57	54.21	四市总额占云南省的58.97%
第三产业占GDP比重	46.25	24.13	29.23	27.95	四市总额比云南省高0.67%

目前，昆、玉、曲、楚相互间的联系日渐紧密，随着云南省战略机遇期到来，如果不能建立有效的机制来协调滇中地区的经济一体化进程，各地对有限的发展空间和发展资源的争夺势必会渐趋激烈。这在昆明新机场的选址过程中，已可见端倪。因此，有必要在矛盾尚未激化前未雨绸缪，就开始着手建立协调机制，编制新的《昆、玉、曲、楚区域规划》，重点协调：

（1）生态环境保护空间，划分不同类型的生态功能区，提出滇池、抚仙湖、阳宗海、南盘江等湖泊、江河流域综合防治的对策。

（2）区域重大基础设施的空间导向，水资源、能源等的整体调配，交通一体化对策，以及城际高速铁路、高等级公路等选线与城市空间的有机结合。

（3）依据区域发展轴线的性质和地位，提出各城市开发空间和重大项目的衔接机制，尽量为资金、项目、人才在滇中城市群的高效配置消除障碍。

（4）区域不同类型的支柱产业集群的指导性空间布局。

三、区域协调与滇中城市发展

1. 战略轴线

云南省担负着中国连接东南亚、南亚桥头堡的职能，未来将主要形成向南通往泰国、新加坡，向东南通往越南和向西通往缅甸、印度和巴基斯坦的三条国际通道；向东北通往京、沪，向北通往川、陕，向东通往沿海的三条国内通道。这些重要的交通走廊在昆明地区基本简化成"十"字形放射状交通轴，即东西向的楚雄—昆明—石林交通轴和南北向的曲靖—昆明—玉溪交通轴。

从宏观层面看，曲靖—昆明—玉溪交通轴连接着中国中东部和新加坡、泰国和马来西亚这几个东盟较为发达的国家，在玉溪折向东南（经通海至蒙自，高速公路已修通、准轨铁路已作出规划），还可连接越南这个东盟发展最快的国家，是承载云南参与区域经贸合作经济主流的战略轴。从中观层面看，在曲靖—昆明—玉溪交通轴上，连接着云南省经济总量处于前三位的城市，昆明与玉溪只有不到一小时的时间距离（80公里的高速公路），联系非常紧密；而随着昆曲高速公路的全线贯通和昆明小哨新国际机场的修建，将强化昆明与曲靖的联系，这一轴线势必成为滇中城市群发展脊梁。更为有利的是，由于昆明地区的山脉和坝区呈现南北向的走势，从沿此轴线向南、北两个方向都可以找到适宜城市开发的开阔用地，如

昆明的滇池东岸、南岸、嵩明等。

图1 滇池流域发展轴线

综合以上两方面，笔者认为曲靖—昆明—玉溪这条具有战略性的发展轴对滇中城市发展意义重大，在未来的规划中应予以足够的重视。可以通过沿战略性发展轴布置许多的重大的基础设施，特别是交通设施，如快速路和城市轨道交通，缩短各城市间的"空间—时间"距离，使整个城市的重大基础设施和公共服务设施共享。与此同时，楚雄—昆明—石林交通轴是中国通往印度洋和南亚的通道，也是滇中发展重要的依托，构建发展主轴。

2. 昆明与玉溪——滇中经济区的"双城"极核的设想

昆明与玉溪列云南各地州市经济总量的前两位，玉溪人均GDP甚至超过昆明，列全省第一。长期以来，两市的社会经济联系非常密切。现有双向六车道的高速公路相连，两城相距86公里，距规划的南城（晋宁新城）约40公里，距西城（海口新城）仅20多公里。南城处于玉溪与昆明主城连线的中点，而西城在空间上更靠近玉溪。昆玉铁路现在是绕出滇池流域经行安宁后再到玉溪，规划将在滇池流域内直接从呈贡王家营经晋宁宝丰连接玉溪，只要修建30多公里的铁路，便可使玉溪与昆明的各个新城、次级城市和新机场等形成便捷的轨道交通联系。

凭昆明一市之力，再有周围地州市对项目和资金的竞争，建设几个新城很可能需要很长时间。如果昆明、玉溪两市在战略机遇期能率先突破行政阻隔，建立双赢机制携手发展，将非常有利于在滇中地区的战略轴上形成一体化的紧凑都市带和发展"双城"极核，有力地促进两市互动发展,加快昆明南城和西城建设,大大提高滇中城市群的竞争力。

在不同的区域协调策略下,其城市空间布局产生不同的变化和效果:

(1) 以地方和局部利益为主的区域空间

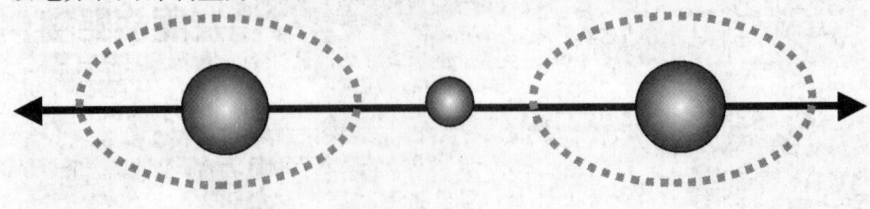

图2

(2) 协调机制下的区域空间

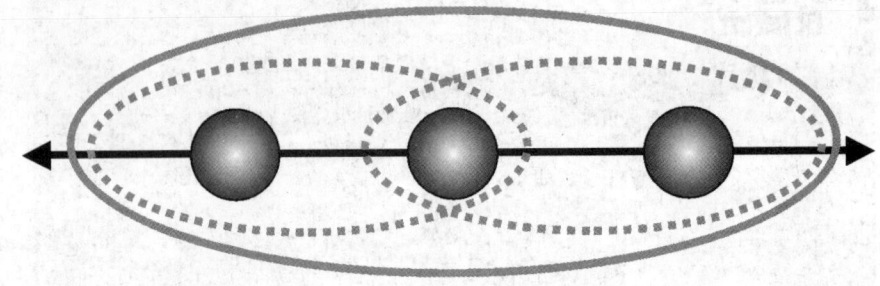

图3

按照现代新昆明城市发展的战略构想,昆明将在滇池流域拓展城市空间。在常规的增长速度下,昆明的各新城组团建设必然要顺序展开,有两种可能的时序:

(1) 以昆明的自身增长作为发展动力,集中力量发展与现有主城距离最近、用地和基础设施较好的东城,并快速形成规模,承担起重要职能,使城市空间结构发生质的变化。在适当的时候再选择向北发展航空城,或向南发展南、西城。

常规增长下,以昆明为发展动力:

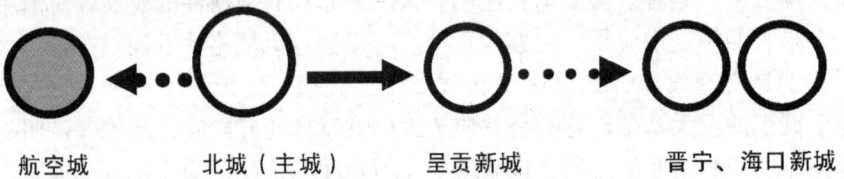

图4

(2) 构筑昆明与玉溪的"双城"极核,集两个城市的力量共同形成"昆玉带状组团城市",整合两市的城市功能,将区域共享的设施和关联产业向昆明—玉溪发展轴集中,共同发展东城和南、西城。在滇池流域城市发展具备一定规模和能量后,适时的向北发展航空城。

常规增长下,构筑昆明与玉溪的"双城"极核:

图5

为了实现以上发展构想,在两市的协同下,两市的大型城市设施应统一规划,将区域共享的大型体育、文化艺术、会议中心等设施,甚至包括省级机关,在昆明—玉溪发展轴集中建设。同时,在两市之间要率先运行大运量的城际快速轨道交通系统,将各个城市组团更为有机的联系起来。

3. 曲靖、楚雄——滇中经济区的副中心

曲靖、楚雄在滇中城市发展结构中也将承担非常重要的角色,要从整体发展的视角整合生态环境保护、产业发展、城市(镇)发展空间和重大基础设施,协调各自的城镇体系规划、城市总体规划、土地利用规划以及专业规划,促进滇中一体化发展的进程。

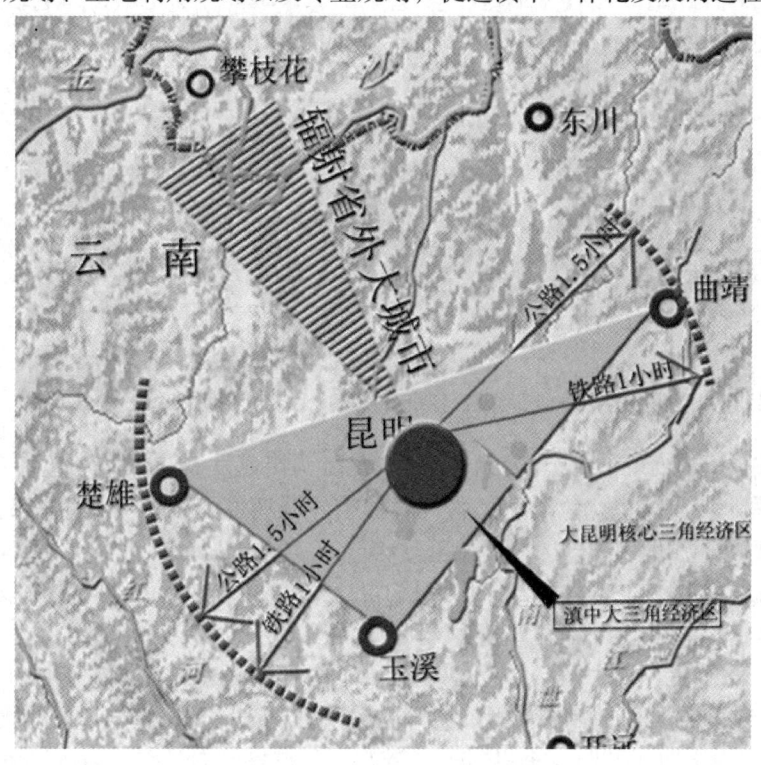

图6 滇中城市结构

参考文献:

[1] 杨宝军. 区域协调发展新论. 城市规划, 2004 (5): 20~24

[2] 张京祥,吴缚龙. 从行政区划兼并到区域管治. 城市规划, 2004 (5): 25~30

[3] 施源,皱兵. 体制创新:珠江三角洲区域协调发展的出路. 城市规划, 2004 (5): 31~36

[4] 昆明城市发展战略构想. 云南人民出版社,德宏民族出版社,2003

[5] 环滇池城镇体系"一湖四片"规划概要. 云南人民出版社,德宏民族出版社,2003

追求城市的和谐发展*

——论潞西总体规划中环境特色与城市发展的关系

简海云

(昆明市规划设计研究院)

摘要： 潞西总体规划基于环境特色与城市发展互相促进的理念，采取拓展新区、保护老城的建设模式，形成"一城、三轴、三带、六组团"的空间布局结构。

关键词： 环境特色　城市发展　潞西总体规划

一、环境特色与城市发展

我国进入城市化前期的部分城市，正面临着协调快速发展与保护环境特色之间的挑战。以"GDP竞赛"和"城市化妆运动"为代表的重发展速度、轻城市特色的做法加剧了城市的趋同化现象，使城市走入了发展的误区。

城市作为人类文明的结晶，已有五千多年的发展历史。伴随着生产力的发展与进步，其功能已远远超越了最初的防御和交易范畴。"人们为了生活来到城市，为了生活得更好而留居于城市。"（亚里士多德）一方面，城市高度集约化的运作提高了人们的生活水平；另一方面，不切实际的急速扩张与大规模的城市内部改造，造成了城乡发展的失衡和一系列环境特色的丧失。"当工业化文明以不可阻挡之势改变着世界的面貌时，由不同的国家、民族和历史形成的文化特色和独特的文化遗产在迅速消失，在全球化的文明演进中，城市面貌从来没有像今天这样雷同和千篇一律。"（〔日〕中野尊正：《城市生态学》）

城市环境特色保护和城市的发展是相辅相成、互为促进的。在经历了工业化道路上的种种挫折与经验教训后，"可持续发展"的提出把"发展"与"环境"问题紧密地结合起来，环境特色保护是其中的重要内容。对城乡建设而言，可持续发展意味着城市和环境的共同进化。这种新的发展观改变了以往人们对城市发展片面"贪大求洋"的态度，人们开始更多地关注城市内在文化特质与本源的发掘和保护。

二、潞西城市总体规划的背景

进入21世纪以来，随着国家西部开发战略的逐步深入，云南省积极参与到中国与东南亚、南亚地区的区域经济合作当中，成为中国与上述区域国家之间进行经济贸易与合作交往

---

*本文获昆明市第九届自然科学优秀论文二等奖。

的重要省份。德宏傣族景颇族自治州作为云南省紧邻缅甸、扼守通往印度洋陆路通道的边疆多民族自治州，正面临着新的发展战略机遇。享有"勐巴拉娜西"美誉的潞西市，为德宏傣族景颇族自治州的州府所在地，具有秀丽的自然风光与浓郁的民族特色，如何协调好城市发展与城市环境特色保护的关系，是潞西城市总体规划面临的重要课题。为此，在展开用地空间与功能布局之前，我们先对城市的自然环境与风貌特色、城市空间形态的不足与风险进行认真、细致的分析研究，以期扬长避短，找到适合当地自然、人文历史特色的发展模式和空间框架，以指导城市进行科学合理的规划布局。

三、潞西自然环境与风貌特色分析

潞西市位于北纬 24°05′~24°39′，东经 98°01′~98°43′，属我国西南边陲亚热带地区。潞西市地处云南省西部、德宏傣族景颇族自治州东南部，总面积为 2978km^2。与缅甸交界，国境线长 68.23 km。潞西市通过 320 国道与昆明相接，芒市（潞西）机场航班直飞昆明。2002 年末全市总人口为 335004 人，主要民族有汉、傣、景颇、德昂、傈僳、阿昌等，少数民族人口数约占全市总人口数的一半。

（1）山水之美——城市形态

潞西市东面靠山，西面临水，地势东高西低，城区在绿色山体的映衬下，展现出丰富深远的景观层次。市区的建筑以低层为主，与周围环境协调，城市尺度宜人。潞西的街道多数垂直于芒市大河，一端连接河道，一端连接山体，形成一条条联系水与山的"绿色通道"，3 条发源于大山的河流穿城而过，汇于芒市大河，形成了 3 条绿廊，将山与水更加有机地联系在一起。

（2）林木之美——城市绿化

山区的榕树林与阔叶林、坝区的竹林和甘蔗林等形成了地域特色浓郁的宏观绿化背景。城区绿化以棕榈科、榕树科和菠萝蜜、芒果等热带果树为主，树木繁茂，树形优美。放眼四顾，到处是青山绿水，堪称滇西"绿宝石"与"基因库"。

（3）文化之美——地域特色

"潞西"意为"怒江以西的地方"。同时，它还被当地人称为"勐焕"，意为"黎明的地方"；又被称为"勐巴拉娜西"，意为神奇、美丽、富饶的地方，"一个像天堂一样的地方"。

①多样的景观资源。绵延的群山与城市形成优美、柔和的天际轮廓线，山顶多雾气，更增添了几分神秘、优雅的气氛；绵延不断的竹海与苍天的榕树构成浓郁的亚热带风光。潞西市内的菩提寺、五云寺、树包塔、三棵树、周总理纪念亭、中缅友谊树、滇西抗战纪念碑、孔雀湖、法帕温泉等风景名胜与文物古迹更增添了城市的人文景观魅力。

②多彩的民族文化。潞西的每条街道、每个地名和每条河流等都有一个汉语名称和一个民族称谓；城市周边遍布少数民族村寨，各族人民安居乐业；城内富有特色的民族宗教建筑——奘房，在一片竹林中露出尖尖的塔，洋溢着浓郁的地域风情；傣族的孔雀舞、葫芦丝、泼水节、丢香包、嘎秧，景颇族的目瑙纵歌、春菜，阿昌族的木叶、象脚鼓、户撒刀、阿露窝罗节，德昂族的竹楼，傈僳族"上刀山、下火海、过刀桥"的阔时节，以及各民族独特的语言、文字、音乐都体现出了鲜明的民族文化特色。

③兴旺的边贸特色。德宏傣族景颇族自治州与缅甸邻邦之间的文化背景相似，"胞波情谊"源远流长，具有悠久的边民通婚、通商互市的历史。古时的茶马古道就是从这里出境的。区域交通条件的不断改善，使潞西的边贸活动日益兴旺。

四、当前城市空间形态存在的问题

（1）城市部分处在机场一端净空范围，机场与城市相互干扰，存在安全隐患。

（2）城市结构密实封闭，不利于与周围生态背景的融合，形成面山不见山、临水难觅水的不利局面。

（3）城市道路与用地竖向关系不匹配，导致改造成本大。

（4）城市肌理杂乱，原有格局受到不同程度的破坏，新的格局亦不完整，历史文化遗迹与人文特色提炼不足，城市的可识别性降低（图1）。

（5）建筑体量、样式、色彩等与内地趋同，未能有效地展示边疆少数民族地区独有的地域风情与魅力。

（6）城市道路空间尺度与绿化的配合欠佳，沿街建筑多紧邻道路建设，形成封堵视线的街道墙，而内部空地浪费较大，使得街道景观质量受到影响。

五、潞西城市空间演化规律分析

从潞西城市的发展历程可知，作为云南西部内陆城市，交通条件的改善与城市形态的发展有着非常密切的关系。潞西城市的发展一直遵循着"点—轴"模式。它符合中小城市的发展规律，也必将影响到城市未来的建设。便捷的交通势必带来商品物资流通的增加及人员流通、技术交流的便利，使规模集聚效应得到充分发挥。当前，潞西应把握住面向东南亚、南亚国际大通道建设的历史机遇，充分认识到对外交通设施建设对城市发展的重要性，协调好城市发展与环境特色保护之间的关系（图2）。

图1 潞西的城市空间肌理

图2 各时期城区的对外交通关系

六、城市总体空间布局构架

为顺应生态环境的格局及经济活动的主要流向，城市未来的发展采用"东西跨越、南北优化、生态穿插、有机联系"的空间模式，形成"一城、三轴、三带、六组团"的空间布局结构（图3）。

（1）"三轴"，即3条发展轴线。以现有东风路改造并向西延长至规划的320国道高速公路干线作为城市向西发展的主轴线，沿此轴线两侧形成城市核心公共服务功能；在芒市大河东西两岸分别依托320国道规划城市主干道，形成两条平行于河道的东北—西南向城市发展次轴线，形成沿河发展的城市格局。

（2）"三带"，即 3 条生态景观绿带。充分利用芒市大河、南喊河、南秀河的景观资源，形成贯穿城市的 3 条开阔的生态滨水绿带，作为城市的主要开敞绿色空间。

（3）"六组团"，即 6 个城市组团。沿城市发展主轴自东向西形成一个老城组团和两个新区组团，它们作为城市的核心功能片区。实现新老兼顾，既保护了城市传统格局，又有利于展现现代化城市形象；在弄相、风平以北地区，结合芒市机场和高速公路的便利交通条件，利用自身资源优势与交通区位优势，发展两个以外贸出口与生物、食品医药等加工工业为主的一类产业用地组团，以增强城市产业与经济实力，对进入产业园区的项目与环保措施要进行严格审查，以避免高能耗、低附加值、高污染项目对城市和自然环境的破坏；在芒究水库至法帕一带，不仅森林茂密，风光秀丽，空气清新，还有得天独厚的天然温泉资源，规划将结合现有勐巴拉娜西珍奇园的开发，进一步加大植被保护力度，提高绿化水平，将其发展成为郊野旅游度假组团，促进旅游产业的发展。

七、城市意象

结合总体空间布局构架，将潞西的城市意向确定为"三山环绿坝、碧水绕寨流、花果飘香处、外贸神奇洲"。正如著名音乐家杨非创作的民歌中所唱的那样："有一个美丽的地方，傣族人民在这里生长，密密的寨子紧紧相连，弯弯的江水碧波荡漾……"

八、城市空间布局策略

（1）空间发展方向。潞西的魅力在于青山、绿水、河道及大片竹林掩映下的村寨所构成的浓郁的民族地域风光，城市功能的布局不应损害这些城市环境与风貌特色。结合城市空间发展影响因素和"情景模拟"分析，规划确定城市采取拓展新区、保护老城的建设模式，逐步靠近规划中新 320 高速公路干线及泛亚铁路西线向西、西南方向发展，修正城市与机场的关系，减少相互间的干扰。对老城加以适当的改造，以微循环的方式进行逐步更新。保留原有亲切宜人的街巷空间尺度，不对道路作大规模的拓宽改建，而强化对市政基础设施进行现代化改造。

（2）城市公共绿色开敞空间。规划遵循城市周边的生态潜质，形成组团式发展的开放空间格局，城市组团间保留两片宽度超过 500m 的绿地，形成穿入城市的绿楔。规划保持绿楔空间内的现有农田、竹林与河流的自然状态，使之成为联系城市与乡村的生态廊道，而不将绿楔空间建设成为"精致的城市公园"，实现"城中有绿、绿中有城"的目标，增强城市整体景观特色与识别性。老城区的绿化结合"拆围透绿"，实现单位庭院景观共享。同时，利用闲置土地形成一系列尺度宜人的小块绿地游园。另外，在城市南部与机场以北 1km 处建设 200m 宽的永久保护竹林带，形成城市建设的明确边界，隔离机场噪音，改善机场周边环境（图4）。

（3）城市河道。芒市大河宜保持其自然生态特征，保留河滨的滩涂湿地，避免使用人工硬质挡墙、护坡。滨河绿带控制的宽度为 80 m 范围内。同时关闭或搬迁上游的造纸厂等工业企业，减少对河水的污染。跨河的桥梁应注重造型设计，突出轻盈、简洁的特征，与河道、绿化相互协调。南喊河、南秀河两岸在 320 国道以东的旧城区控制绿带宽度为每边不小于 15m；板过河全线控制绿带宽度为每边不小于 30m。

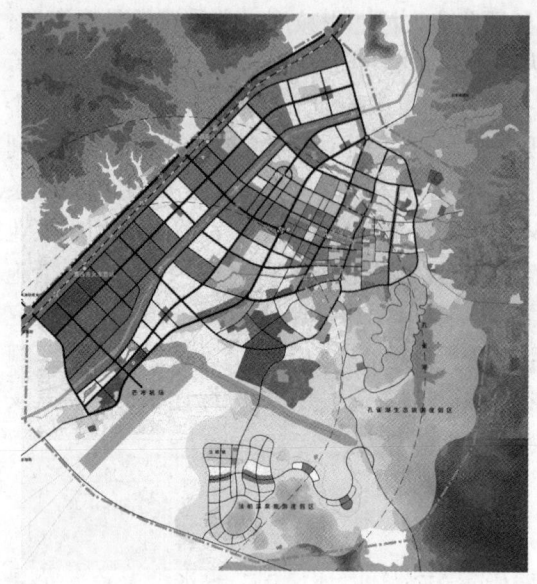
图3 城市用地布局规划

图4 城市生态景观结构

（4）城市对外交通门户景观区。机场周边地区应以民族风格建筑与绿色环境相配合，展示鲜明的民族色彩；火车站及周边地区应形成具有亚热带地域特色的现代化新城景观；320国道入城立交区可采用特色植物与交通广场、雕塑小品相结合的方式，展示地域环境特色。

（5）城市商业中心区。东风路沿线城市商业中心区作为城市发展的主轴线，以州行政中心为始点，以潞西火车站为终点，自东向西贯穿整个城市，空间尺度由紧至松，由小到大。道路断面在旧城保持在20m，自320国道至芒市大河东岸控制在40m，自芒市大河西岸至火车站控制在60m，建筑高度由低到高，造型在保持民族地域风格的基础上，由传统向现代过渡，成为承载潞西发展历史的生动写照。

（6）城市商业步行街区。规划在友谊路—珠宝路全段形成商业步行街区，作为民族手工艺品、珠宝玉器古玩、服饰加工制作演示与销售，茶廊、画室、餐厅、自助旅社集聚的场所，街道尺度小而亲切，建筑以低层为主，利于增强文化气息和提升对外来游客的吸引力。

（7）文物保护单位。对潞西市内的菩提寺、佛光寺、五云寺、树包塔、三棵树、周总理纪念亭、中缅友谊树、滇西抗战纪念碑等各级文物，要制定专门的保护规划措施，划定保护区范围，为城市增加历史文化内涵。

（8）孔雀湖—法帕生态旅游度假区。在城市东南部的孔雀湖—法帕一带形成以热带自然风光和温泉水浴、户外运动为特色的生态旅游度假区，以振兴当地旅游产业。旅游度假区以营造植被生态环境为主，建筑密度严格控制在10%以下。

九、结语

城市的环境与风貌特色是城市发展的生命力。当人们应用现代理念和手段去重构、升华传统特色风貌，形成现代城市之美时，应在尊重地域环境特色的基础上，使城市的内在气韵与外在表象和谐统一。同时，城市的风貌特色也是城市最具价值的无形资产，它在为居民创造优美生活环境的同时，也将成为吸引外部投资，促进地方经济发展的重要因素。随着

"人与自然和谐发展"观念的深入人心,相信会有更多特色鲜明、又充满活力的城市展现在我们眼前。

(本项目负责人为简海云,参与本项目的主要设计人员还有:王晟、许少伟、孙俊影)

参考文献:

[1] 黄光宇,陈勇. 生态城市理论与规划设计法. 科学出版社,2002
[2] 段进. 城市空间发展论. 江苏科学技术出版社,1999
[3] 昆明市规划设计研究院. 潞西城市总体规划调整(2004—2020)

滇南地区的区域城市化进展与模式探析

——从个开蒙城市群的规划建设说开去

简海云

(昆明市规划设计研究院)

摘要： 本文从当前个开蒙城市群的规划建设入手，介绍了滇南城市群建设的最新进展与动态，并对其中的经验与模式作了相应分析和总结，以期望对即将开展的滇中城市群规划有所裨益。

关键词： 个开蒙　城市群　城市化

一、导言

在国内城市化进入高速发展阶段的今天，城市的发展早已不单纯停留在对城市实体空间本身孤立的研究范围。城市与城市之间、城市与周边区域的协调发展，区域带动，是获取最大发展利益的共识，国外早在20世纪中叶就已经形成了比较成熟的区域规划理论。著名人文学家芒福德提倡"区域整体论（Regional integration）"，主张大中小城市相结合，城市与乡村相结合，人工环境与自然环境相结合，通过整体化的、清晰的、高速的区域交通系统相联系，形成网络化的城镇空间结构。美国人口普查局1910年首先使用了"大都市区（Metropolitan District）"的概念，意大利、日本、英国、芬兰等国家也先后进行过类似的城市区域研究与实践。

20世纪末，我国学者借鉴国外经验，把"城市群（Urban Agglomerations）"的概念应用到我国的区域规划中，认为城市群是围绕核心城市的周围，以便捷的交通方式辐射周边城市与区域，促进相互间的有机联系与分工，形成具有区域一体化发展倾向的、并可以实施有效管理的城镇空间组织系统。目前，国内的京津唐地区、苏锡常地区、珠三角地区，都在城市区域一体化发展方面探索出了较为成功的经验，对促进区域经济社会快速协调发展起到了积极作用。

云南省作为西部经济相对欠发达省区，为加快经济发展步伐，尽快缩小地区差异，实现富民兴边的目标，在"十一五"规划中提出：紧紧抓住西部大开发和全国进入新一轮经济增长期的重大历史性机遇，坚持面向世界和"中国—东盟自由贸易区"、面向全国和"泛珠三角流域区域合作"，围绕建设绿色经济强省、民族文化大省、国际大通道三大目标，促进云南经济持续、快速、协调、健康发展，以产业化带动城市化，实现现代化。个开蒙城市群的建设正是这一背景下的成功实践。

二、个开蒙地区概况

个开蒙地区由个旧、开远、蒙自两市一县组成，地处云南省东南部，红河哈尼族彝族自治州中部，地跨北纬23°01′～23°58′，东经102°54′～103°49′。北回归线在境内穿越。

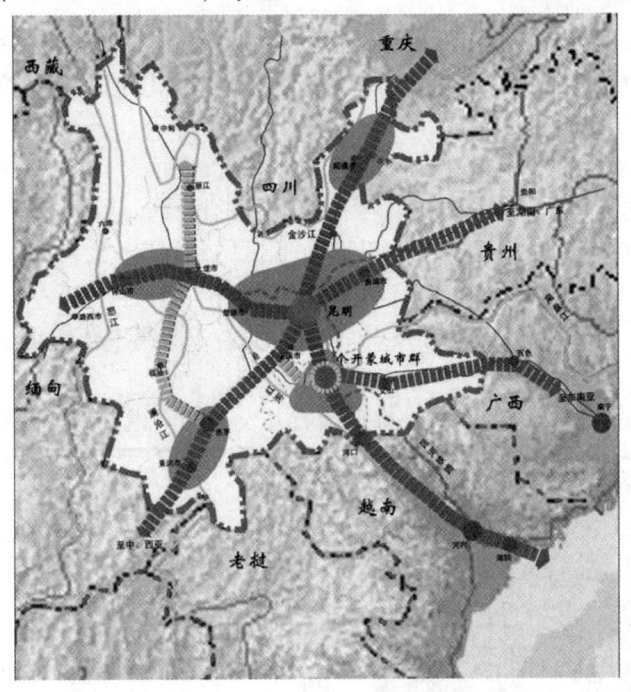

图1

个开蒙地区处于红河州中部，行政辖区面积5826平方公里，是昆河经济带的重要组成部分，云南省能源、冶金、化工、建材基地，为全州城市化水平最高、经济条件最好的地区。2002年，总人口96.57万人，其中城镇人口52.7万人，城镇化水平达54.57%。

过去受行政区划的限制，个旧、开远、蒙自三座城市各自孤立发展，缺乏有机协同，州府原驻地的个旧市用地紧张，缺乏进一步发展的空间，造成了"小马拉大车"的不利局面，建设迟缓。为突破发展瓶颈，1999年2月云南省政府以云政发〔1999〕39号文件批准《昆河经济带"九五"计划和2010年远景目标》，明确提出：个旧、开远、蒙自三市县应携手合作，坚持开远南扩、蒙自西拓、个旧东移，并以快速通道连接，在滇南建成一个人口上百万的群落城市奠定了在现有行政机制架构内，个开蒙城市群实现一体化发展的创新基础。

三、个开蒙城市群的总体定位

结合发展的需要与可能，个开蒙城市群的总体定位确定为：滇南中心城市；以有色冶金、能源、化工、建材工业为特色，生物资源开发、出口加工、口岸贸易为导向的、具有丰厚民族文化底蕴、面向东南亚的现代化开放城市。

四、产业支撑及布局

产业布局是个开蒙城市群发展的经济支撑，产业培育是推进个开蒙城市群建设的关键所在。为加快实现"滇南大城市"发展战略，个开蒙城市群建设首先要注重支柱产业的构建，利用其地缘、区位、资源、产业基础大力开展生物资源开发利用的研究,扶植生物制药、对外商贸、金融、信息、物流、出口加工、旅游服务等朝阳产业,同时继续保持有色金属、化学工业、能源工业的优势,完善建材、采掘等传统工业。

（一）生物制药

加快生物资源开发步伐,突出发展葡萄酒业,以灯盏花、大黄藤、皂素、木薯等为主的生物制药、以印楝为主的生物农药和大麻、亚麻、棕榈等深度加工产业群。主要布局于红河工业园区的生物资源区内。

（二）面向东南亚的商务贸易和出口加工工业

充分发挥地缘优势,承担中国与东南亚陆路联系的桥梁,建成区域性国际商务贸易和加工工业中心。主要布局于红河工业园区的出口加工区内和河口。

（三）金融、信息、物流

努力培植区域性和国际性金融、信息和物流产业,主要集中布局于蒙自中心区。

（四）冶金、化工和能源工业

1. 在巩固锡、铅、锌、铜的同时,推进霞石开发,加大铝、钢铁的发展力度。

图2

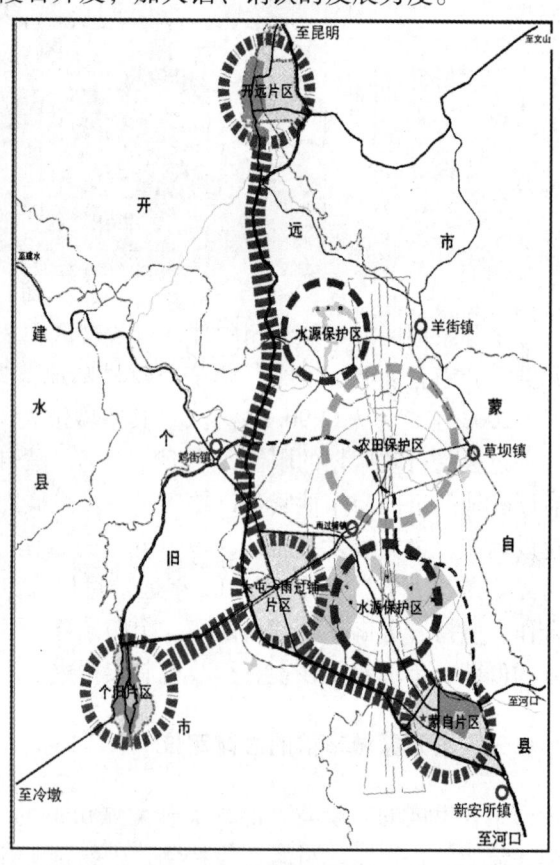

图3

2. 以红河磷肥厂和解化集团为重点,推进精细化工产品的深度开发,建成全国最大的磷酸二铵生产基地。

3. 水火并举,电矿结合,加快大屯电厂的新建和小龙潭电厂的扩建工程,积极发展电力产业。主要集中布局于个旧、开远片区。

（五）建材工业

进一步提高建材产品的技术含量，丰富建材品种，深度开发轻质高强的建筑装饰材料，增强市场竞争力。布局于开远片区。

（六）旅游业

充分利用州域内建水历史文化名城和红河哈尼梯田的资源优势，通过城市群组织和集聚游客，推荐历史名城、哈尼梯田、跨国境旅游和溶洞旅游，加大旅游产业培植。

（七）生态农业

以蒙自全国现代农业示范区为重点，带动全州现代生态农业的发展。

五、空间布局结构

规划结合个开蒙地区的地形及空间特点，以三海（大屯海、长桥海、三角海）为城市绿心，依托高速公路、铁路、新机场为纽带，形成双星拱月、三位一体的空间格局，构建"一大两强、辐射全州、带动滇南、服务东盟"的滇南大城市。

六、城市群功能布局

（一）蒙自片区

蒙自是个开蒙城市群的主城，历史悠久，对外通商年代久远，国内外商贸、金融机构众多。有丰富的自然和人文景观，具备一定工业、教科文基础。地势平坦，城市用地拓展空间广阔。目前，蒙自已经成为红河州行政中心。城市功能定位为：红河哈尼族彝族自治州州府，红河州、个开蒙城市群政治、经济、文化、教育中心，区域交通枢纽，以发展冶金材料、高新技术、生物资源、进出口加工为主导产业的现代化生态城市。远景城市规模控制在：人口45万人，用地50平方公里左右。依托泛亚铁路、红河机场、高速公路、沿红河大道实现城市的向西拓展。

（二）个旧片区

个旧位于个开蒙城市群主城——蒙自西南，以"锡都"著称，开采历史悠久，锡的保有储量占全国的1/3，霞石正长岩储量达数十亿吨。受地理条件限制，个旧城市几乎无发展余地，城市未来发展主要走内涵提高的道路。城市功能确定为：依托良好的工业基础、依山傍水的自然环境，形成具有良好居住、休闲环境的现代化精品城市。城市规模控制在：人口20万人左右，用地18平方公里。通过城市用地结构调整，改善居住环境，突出依山畔湖的山地城市特色。

（三）开远片区

开远位于个开蒙城市群主城——蒙自西北，历史悠久，为昆河铁路中心枢纽站。小龙潭煤矿褐煤储量12亿吨，可露天开采10亿吨。城市功能定位确定为：以能源、化工、建材及食品加工为主导的新型工商业城市，地区交通枢纽、物资集散地、商贸中心，红河州的能源基地，面向昆明的"北大门"。远景城市规模控制在：人口20万人，用地22平方公里。规划布局以向南扩张作为城市主要发展方向，依托贯穿城市的泸江河为城市景观轴，形成东侧以居住生活为主、西侧以商贸为主要功能的沿河布局，显山露水的城市格局。

（四）红河工业园区

红河工业园区总面积约65平方公里，由生物资源加工区、高新技术工业区、出口加工工业区、有色冶金工业区、化工建材工业区组成。生物资源加工区布局在蒙自县城以西；高新技术工业区布局在大屯；出口加工工业区布局在雨过铺；有色冶金工业区布局在鸡街——大屯一带；化学建材工业区布局在开远。通过实施产业的调整与升级，增强产业集群的规模优势，为城市群的发展提供产业支撑与经济保证。

七、交通体系规划

（一）交通线网

1. 内联高速公路系统

规划以个旧至开远、开远至蒙自、蒙自至个旧高速公路，蒙自至工业区、机场高速公路、鸡街至蒙自绕城高速公路，共同连接"三海四区"，形成快速通道系统；同时改造石林至开远、开远至文山、蒙自至河口、蒙自至文山、鸡街至建水和个旧至河口6个快速出入口，建设现代化的交通线网体系。

2. 快速轨道交通系统

在高速公路网络的基础上，进一步推进建设泛亚铁路东线，增强对外交通能力。在条件成熟时，建设蒙自至红河工业园的快速轻轨；并以雨过铺为中心点，改造米轨及支线，建设连通个开蒙城际轨道交通，形成大运量、快速、便捷城市公共交通系统。

（二）交通枢纽节点

1. 红河机场

规划考虑未来在蒙自城区北10公里的雨过铺大郭西一带选址建设红河机场，形成集空运、高速公路系统和快速轨道交通为一体，高效衔接、换乘便捷的现代化航空港。

2. 物流中心

规划依据未来产业与城市发展需要，布局三个层次的物流中心。

（1）滇东南陆路物流中心：围绕雨过铺铁路货运换转节点站，建设面向东南亚物流基地。

（2）滇东南水路物流基地：围绕蔓耗港口，建设国际性水陆联运基地。

（3）州级物流基地：在蒙自、开远和个旧，结合高速公路过境系统，建设物流基地。

3. 城市客运交通枢纽

在蒙自中心片区形成中央火车站：满足国际国内长途列车、省内城际列车、城铁轻轨等多个系统的换乘需要。在各城区设次级客运中心站，方便城铁轻轨、公路客站的换乘衔接。

八、环境保护规划

对个开蒙地区的区域生态环境保护是城市群可持续发展的关键性因素，规划主要从两个方面考虑：

（一）生态保护和污染防治

长桥海、大屯海和三角海是个开蒙城市群的三颗明珠，总库容12700万立方米，水面面积41平方公里。发展个开蒙城市群，必须以生态保护为前提。

1. 实施长桥海和大屯海44公里环湖截污，建设城市雨污分流体系和污水处理厂，使污水达标排放。

2. 通过工程设施使两海互通，建设五里冲—小新寨水库—人工河—南湖—长桥海人工系统，对长桥海、大屯海实施清水补给，实现两海水体两年置换一次。

3. 建设长桥海、大屯海对三角海补水工程。

（二）环境重点治理区

将开远、沙甸、鸡街、大屯和个旧划定为环境重点治理区。

1. 开远加强对解化厂、磷肥厂、水泥厂等大型企业的污染防治，改善老城区环境和泸江河水质。
2. 个旧对锡矿开采、冶炼企业进行治理，严禁工业和生活污水排入金湖。
3. 强化治理，淘汰落后工艺，改造提升沙甸、鸡街一带污染严重的民营企业。

九、城市景观规划

（一）总体景观构架

充分利用红河流域独特的亚热带自然风光特色和民族文化与汉文化、西方外来文化相互交融的人文资源优势，保护城市历史文脉及形象特征；新区建设既要与传统城市形象保持协调，还应该塑造富有时代气息的新形象，体现城市发展过程中各个历史时期的多元性和延续性，形成滇南大城市绿洲的总体景观构架。

（二）城市建成区景观

注重总体城市设计，使建成区的建筑高度、体量、风格、布局形式相互协调，突出地域特色，通过城市轴线形成收放有致的景观序列。强化标志性建筑、设施布局，增强城市的可识别性。

（三）大环境绿化景观

积极推进城市绿化，建设三海周边绿化的滇南明珠工程，发展环城市群 30 万亩水田，对周边 25 万亩面山进行绿化，对内部交通沿线实施带状绿化，杜绝面山采石等破坏山体的现象，形成城市绿化圈层，实现个开蒙城市群绿彩层叠，成为名副其实的"绿洲"。

（四）水域景观

以三海（长桥海、大屯海、三角海）加两湖（个旧金湖、蒙自南湖）、一河（开远泸江河）的治理保护为中心，启动滇南明珠工程，改善水体质量，提升景观价值，使之成为城市的绿色景观核心。

十、个开蒙模式的经验与启示

回顾个开蒙城市群的发展历程，有以下几个主要方面的经验值得研究与借鉴：

（一）借助区位优势，主动承担外向型节点城市功能

个开蒙城市群处于昆明到河内到海防国际经济走廊这一国际与国内两大市场的结合部。个开蒙城市群的建设，将视野放到面向东南亚的区域层面加以研究，主动参与区域分工，充分利用中越双方资源结构的差异性、产业结构的层次性和贸易结构的互补性，建立沿交通干线为辐射带的优势产业体系、城镇体系，使资源和各种生产力要素通过跨国流动，以达到最佳配置和获得较高利益，形成各显所长、优势互补、利益均沾、区域分工、共同发展的共赢局面，也使自身逐步成长为滇南中心城市和区域经济增长中心。

（二）依托交通设施提升、促进网络型城市的便捷交通系统架构

从区域外部交通分析，个开蒙城市群处在泛亚国际大通道的东线，以昆河铁路（中越铁路）为主干，连接国家级口岸河口、省级口岸麻栗坡、金水河的三条出境公路以及中越红河水运通道，可经越南首都河内至海防港进入北部湾。昆明至海防铁路有 863 千米、公路 922 千米，是昆明至周边国家距离最近的通道。从区域内部交通分析，个开蒙的三个城市均处在 50 公里半径的"交通黄金三角区"范围内，随着昆河高速公路、红河大道、个—屯隧道等城市群内部高速联系通道的建成，将形成 30 分钟城际交通圈。未来进一步预留轨道交通的设施条件，以时间换空间，形成城市群内部更紧密的功能联系，为一体化发展创造先决条件。

（三）机制创新，强化区域空间管制与协同

为加快区域城市化的建设进程，红河州成立了个开蒙大城市规划委员会，由州长任主任，成员由有关部门、有关市县领导组成，统一领导、管理个开蒙城市群的规划工作。

在具体技术落实上，成立红河州规划局，负责个开蒙大城市的具体业务工作。个开蒙三市（县）不再设立规划办，部分工作人员直接进入州规划局工作。在尊重各市（县）实际利益的前提下，在州的层面对城市群的相关建设问题保持及时沟通协调，以追求区域整体利益和长远可持续发展利益为根本目标，确保各市（县）互惠共赢，共同发展，打破了既有行政区划的限制，提高了行政效率，确保了城市群建设目标的统一协调。

（四）强化产业布局支撑，分工明确，重点突出

个开蒙的产业发展具有两个方向，分别是基于内生动力的资源依托型产业和基于外生动力的区位导向型产业。基于内生动力的产业主要依托矿产资源和生物资源，基于外生动力的产业主要以市场区位和交通区位为导向，包括中国—东盟自由贸易区的推进和昆河经济走廊的形成。其产业结构的调整与升级，正按照产业布局规划，着力从要素依赖的低级阶段走向创新驱动的高级阶段，不断迈向新型工业化的发展目标。

个开蒙的重点产业布局，以有色金属工业、化学工业、建筑建材业和现代化农业综合开发为重点，加强交通、能源、通信建设，大力发展商贸、金融、信息等第三产业。其产业空间布局确定为：有色金属生产等重化工业向鸡街—雨过铺一带集中；轻工业生产（包括农副产品深加工等）基地和仓储运输业以及能源工业布置在开远及周边地区；生态农业示范区以草坝为中心向周边扩散；高科技产业、教育科研、贸易（包括外贸）、金融、邮电通信服务等第三产业应在中心城市周围集结，休闲、观光旅游、购物等以个旧为主集聚，从而形成一个多边格局，使各产业既有联系和协作，又相对独立集聚，有效延伸产业链的带动作用，达到壮大区域经济整体实力，保障城市化发展的切实效果。

（五）基础设施、环境保护与景观绿化一体化研究

基础设施是城市的血脉。在个开蒙的城市群建设中，对区域供排水、电力以及机场、铁路换装站等交通设施建设进行统一规划，综合调度，能够有效避免基础设施重复建设可能造成的浪费，实现区域资源共享。

在环境保护方面，个开蒙将以三海的环境治理恢复为核心，实施"滇南明珠"工程，进行区域大环境整体综合保护，使城市环境与自然环境有机融合。将从根本上解决城市用地紧张、环境质量不高的问题，形成山、城、海交相辉映、人居环境优越的滇南名城。

目前，随着蒙自城市道路绿化和环南湖地区景观整治以及蒙自生态景观河等环境工程的实施，蒙自中心片区的景观与自然环境已初步具备了具有亚热带地域特色的城市绿色景观构架。

十一、结语

云南省正逐步进入城市化发展的高速成长期，以区域的视野研究城镇体系的布局与分工协作，将可以起到城镇间互惠共赢、建设事半功倍的效果。芒福德曾说过，"城市的希望在于城市之外"，城乡区域一体化发展的成功实践，将使这片红土地不断焕发出新的活力与光彩。

参考文献：

[1] 红河州建设局，昆明市规划设计研究院. 个开蒙城市群加快发展的规划构想，2003 年 6 月 24 日

[2] 湖北省城市规划设计研究院. 滇南中心城市总体规划简要说明，2004 年 12 月

[3] 云南省"十一五"发展战略研究，2005 年 12 月

城市总体规划中的区域协调

——以越南芽庄城市西部新区总规为例

王 晟

(昆明市规划设计研究院)

摘要：以正处于社会经济快速发展初期的越南芽庄城市规划为典型案例，检讨传统城市规划理念的缺陷。在市场经济条件下，在编制总体规划时应强调区域规划的龙头作用，构建区域协调发展的总体思路。

关键词：规划理念　城市总体规划　区域协调

受越南庆和省政府委托，昆明市规划设计研究院承担了编制芽庄城市（庆和省府）西部新区总规的任务。与中国一样，越南城市规划模式深受前苏联的影响，由于正处于市场经济发展的初期，传统规划理念下"就城市论城市"的情况非常严重，重视城市内部的规划布局，而缺乏对宏观区域的实质性分析。越南社会经济正处于快速发展阶段，传统规划模式的缺陷已经明显地表现出来。针对存在的问题，中方规划工作组借鉴中国区域与城市规划的成功经验，从区域发展的角度，提出了区域与芽庄城市、芽庄城市与西部新区相协调的规划调整框架和策略。本规划案例具有一定的典型意义，希望本文所提出的区域与城市相互协调发展的思路能引起更深的思考。

一、庆和省及芽庄城市概况

庆和省地处越南中南部，是东亚、东北亚到新加坡航线的中心，战略地位十分重要。芽庄市为庆和省的省会城市，自然风景优美，是越南乃至世界理想的度假胜地。主导产业为轻工业、旅游业和农业。2002年，庆和省GDP约为5.65亿美元，人均GDP约为520美元。

闻名世界的金兰湾位于芽庄市以南约50km处。金兰湾机场由军用机场改造、扩建为民用机场，由于拥有优越的基础设施条件，将有望发展成为越南的第四个国际航空枢纽（图1）。

具备成为世界性的优良天然海港的云风湾位于芽庄市以北约80km处，规划为国家级大型对外港口，预计2020年集装箱吞吐量将达到450万标准箱。

二、现行规划存在的问题

庆和省在1999年完成了《庆和省至2010年社会—经济总体规划补充预案》。芽庄市现行城市规划为越南建设部城市农村规划院于1997年编制的《芽庄市建设总体规划调整》。两个规划成果完备，内容详尽。由于受计划经济体制思维惯性的影响，在社会经济快速发展的形势下，两个规划对城市优势的发挥、空间布局的优化缺乏指导作用，甚至起到反作用。

（1）对规划中重大战略性问题缺乏指导

近年来，庆和省经济增长在全国处于前列，仅次于胡志明市、河内和岘港。由于具备优越的交通区位，曾有外国公司提出建议：投巨资在芽庄陶岛半岛和云风湾建设一座类似中国香港特区的新城，使其成为一个国际金融中心、世界级的旅游胜地及全球的交通枢纽。多方面的情况显示，庆和省和芽庄市正面临巨大的发展机遇（图2）。

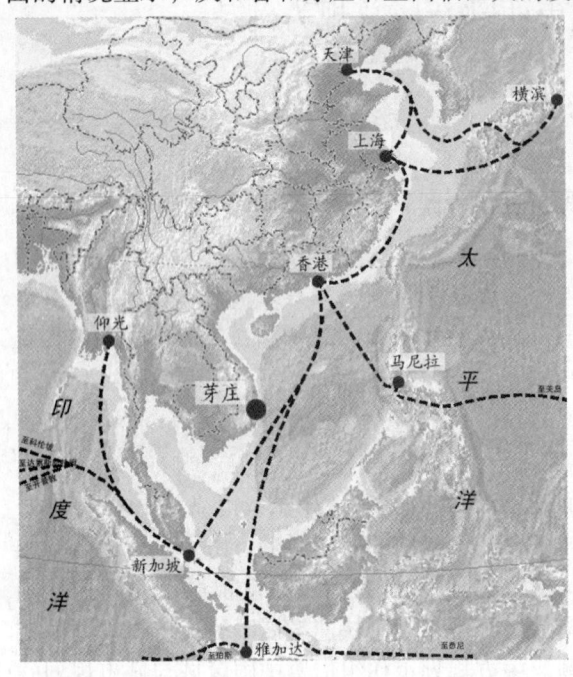
图1　环太平洋地区航线图

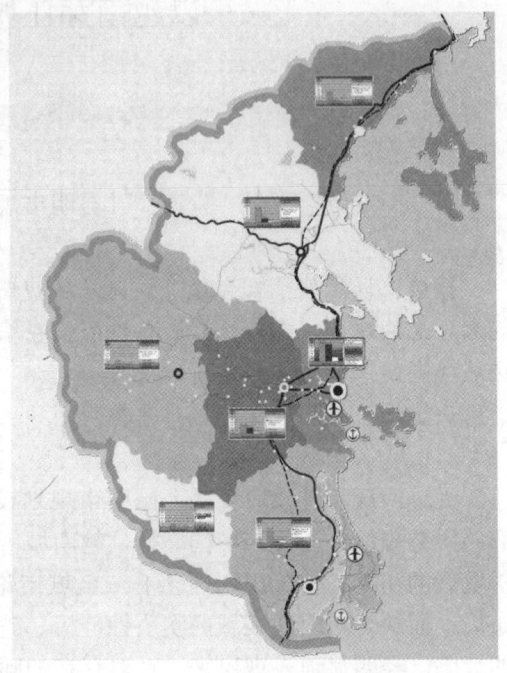
图2　现状发展图

反观现行规划，虽然其对芽庄市在区域中的航运便利、工业发展潜力、作为西原各省的门户的区位条件、自然风景等优势有所分析，但对庆和省在越南社会经济发展中的地位缺乏认识，对于芽庄市如何突出优势职能，与省域金兰湾、云风湾等重要发展地区协同发展等重大问题没有涉及；在城市性质中把芽庄市定位为"全国乃至国际上的旅游度假中心和生态城市，庆和省政治、经济和文化中心，区域科技、商业交流中心之一"；其主要关注的是芽庄市在省域的内向性职能，对未来发展的战略性方向缺乏指导意义。

（2）缺失区域重大基础设施规划

芽庄机场紧贴城市，并占据着滨海黄金地段。越南有关部门已规划将金兰湾机场由军用机场改造、扩建为民用机场，取代芽庄机场职能。这样的重大事件，当地只认为是国家的事，而在规划中没有引起重视。2004年5月金兰湾机场正式启用，由于区域规划中没有考虑到新机场对全省社会经济的带动作用（金兰湾机场的硬件设施在越南堪称一流），城市规划对原有机场停用后如何与城市发展相协调的问题也未作考虑，因而造成区域与城市发展机遇来临时的被动局面。

（3）封闭性的城市布局规划

政府在做出开发西部城市新区的决策时，主要考虑到城市发展很快，需要有新的空间，但并没有形成新区如何与老城有机协同的总体构想。

芽庄市的海岸和周围岛屿被有关国际组织评价为"越南乃至世界最理想的胜地"。而现状是：芽庄城市主要集中于滨海地区，而且功能混杂，与"全国乃至国际上的旅游度假中心和生态城市"的城市性质有较大的矛盾。而规划中却只作了局部调整，基本维持原有城市功能格局，形成的城市组团功能为：

①北部组团（丐河北部）：作为居民区、商业区、旅游服务区、工业和小手工业区。
②中部组团（机场北部）：作为主要行政区、文化教育中心、居民区、旅游及商业服务区。
③南部组团（机场南部）：作为轻工业区、商业区、旅游服务区和居民区。
④城郊工业区：主要用于容纳城市中心一些污染环境的工业。

以上的规划思路反映出内向性和封闭性的理念，但没有突出滨海地区旅游开发的优势，甚至还将导致优势资源的逐步丧失。

三、区域协调发展的总体思路和策略

昆明市规划设计研究院虽然只承担了芽庄城市西部新区总规，但由于现行的区域和城市规划在区域协调方面存在明显缺陷，规划工作组抱着科学规划的态度和对委托方负责的服务意识，在工作中首先对区域发展的思路进行深入分析，并以此为基础提出芽庄城市和西部新区的规划策略。

1. 庆和省发展态势评价

庆和省处于发展起步阶段，拥有独特的资源组合优势，在全球经济一体化和越南社会经济快速持续的发展中，可以争取成为越南的第四个发展重心，在红河三角洲、湄公河三角洲和岘港地区外，形成新的具有战略意义的经济增长地区。规划建议在很多威胁发展的风险还没有出现或还可以逆转之时，应构筑区域性空间规划框架（图3）。

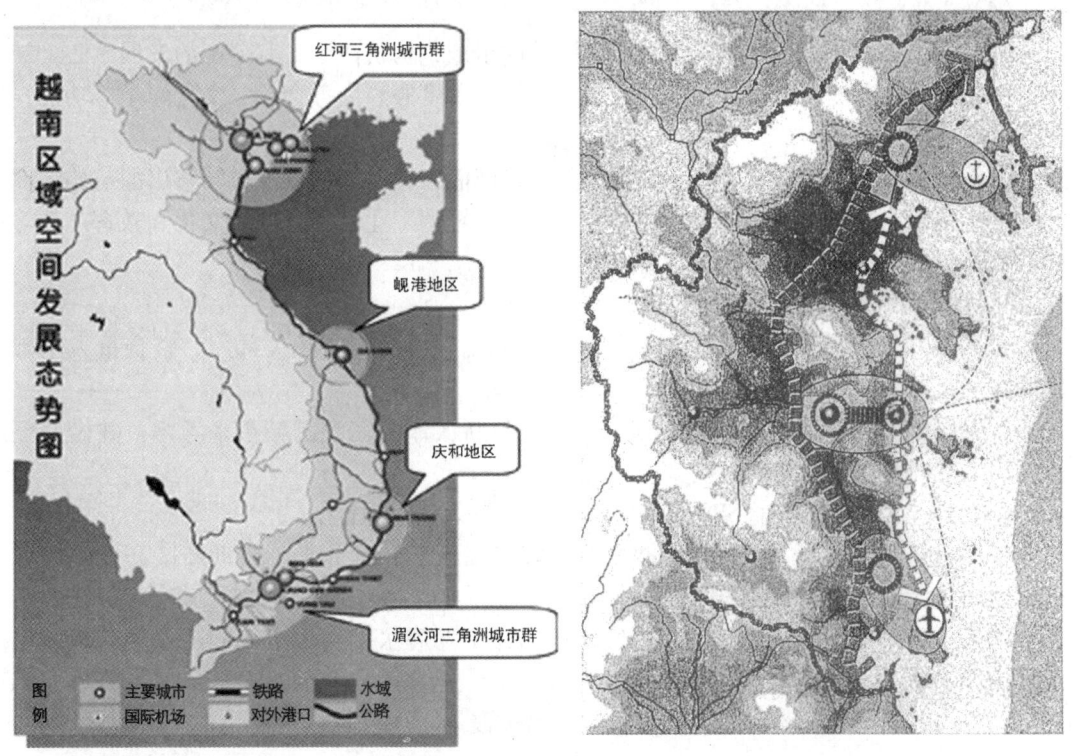

图3 越南区域空间发展态势图　　　　图4 空间发展图

2. 区域协调发展的总体思路

(1) 将庆和省作为整体来进行空间规划布局，并综合考虑与越南其他经济区的关系，实现职能上的有机协调、配合。

(2) 提升庆和省的功能定位，以"越南对外开放重要的交通枢纽和产业区，国际性旅游度假区，越南中南部发展中心"为目标来构筑区域空间布局，努力成为具有国际竞争力的城市地区。

(3) 以发展芽庄西部城市新区为契机，优化芽庄城市总体功能结构，突出滨海旅游开发优势，以其他功能的空间转移带动城市新区的发展。

3. 区域空间规划框架建议

构筑"一主两翼，双轴双心"的规划框架（图4）。

(1) "一主"

中部主中心（芽庄城市及拓展的城市新区），突出综合服务和旅游、商务职能。

(2) "两翼"

北翼——结合文风湾大型港口的建设，形成加工工业区和国际性海运中转区。

南翼——结合越南第四国际航空港的建设，形成临空产业区、机场航空物流园区。

(3) "双轴"

西线对外交通轴——规划未来的1号国家公路，并统一将改造后的铁路西移，避开滨海地区，带动城市向西拓展。

东线滨海景观交通轴——改造现有公路和铁路，形成服务旅游业和区域内部交通的道路和城际轨道交通。

(4) "双心"

中部主中心由芽庄老城和西部城市新区共同组成，构筑两个各有分工的发展重心。

芽庄老城：通过调整改造、机场搬迁，强化旅游度假、商务会议、文化娱乐等功能，形成旅游商务区。

西部城市新区：在功能上与老城各有分工，职能互补，接纳从老城转移出的与旅游商务关联度小的职能，建设成为具有行政办公、居住、轻型工业、服务业、文化和教育产业等功能的辐射越南中南部、沿海的综合服务中心。

4. 规划调整和操作的策略

(1) 针对发展形势，调整庆和省区域空间规划，协调国家相关部门，整合重大基础设施的空间布局。

(2) 尽快完善芽庄城市总体规划，把老城与新区作为完整的城市来考虑，并做好芽庄机场用地空间与城市的规划衔接。

(3) 严格控制与旅游商务不协调的功能项目进入滨海地区。

(4) 选择适当时机，以行政、教育等职能向新区转移为先导，带动新区开发和旧城改造，达到整个城市功能结构的优化。

(5) 以分片组团形式建设发展新区，适应经济发展水平和城市不同的发展阶段，保持规划的弹性。

(6) 选择合理的土地开发模式，推进新城建设。

四、对当前规划的启示

通过以上规划案例可以看出,以区域协调为龙头指导的城市规划思路更有利于城市发挥优势,取得竞争的先机,有利于城市的长远发展。

今后一二十年,云南省"两省一通道"战略的实施,将使社会经济获得长足发展,城市化进程也将进入快速推进时期,需要优势资源在区域中获得高效配置,这对规划工作者提出了更高的要求。目前,新一轮的城市(镇)总体规划调整(修编)工作正在展开,由于发展形势的变化,需要在工作中更好地把握城市(镇)与区域的关系。笔者有以下几点粗浅体会:

(1) 树立区域协调的规划理念,正确领会内涵。区域协调最本质的含义是分工协作,但它并非是通过统一安排各项建设活动来排斥竞争,而是鼓励有序竞争,鼓励城市(镇)最大限度地发挥比较优势,从而提高整个区域的发展效率。因此,在总体规划中区域部分是工作的龙头,流于形式的分析判断很可能给规划工作带来方向性的偏误。

(2) 在实际工作中重视对宏观区域发展信息的收集和分析。在总体规划信息收集阶段,所在城市(镇)的职能部门往往不掌握(或局部掌握)宏观区域和区域中其他城市(镇)发展的信息,这时就需要规划工作者付出更多的努力,多渠道、多方面收集信息。

(3) 在社会主义市场经济体制下,区域间、城市(镇)间合作与竞争共存。应将城市(镇)本身的优劣条件放在区域发展的动态中进行分析,发展的机遇更多是来自于强化比较优势和制定合理竞争策略。

(4) 对于区域性重大基础设施建设,应尽可能促成地方与有关部门达成共识,并在规划中提前考虑用地空间,达到双赢目标,尽量消除或减小相互干扰。

(5) 城市新区开发往往对整个城市发展格局造成影响,但从区域角度看,它又通常为城市功能结构调整带来良好机遇,应从整体和长远发展的高度考虑问题,在工作中引起重视,走好这步影响全局的"关键棋"。

参考文献:

[1] 杨保军. 区域协调发展论. 城市规划,2004,(5)
[2] 庆和省人民委员会. 庆和省至2010年社会—经济总体规划补充预案. 1999
[3] 越南建设部城市农村规划院. 芽庄市建设总体规划调整(1997—2010). 1997
[4] 昆明市规划设计研究院. 越南芽庄西部新区总体规划(2003—2020). 2004

城市景观与园林

城市立交区景观设计探索*

——以官南立交区景观设计为例

陈 文

(昆明市规划设计研究院)

摘要：以官南立交区景观设计为例，结合城市立交区整体环境存在的问题，探讨城市立交区景观设计的方法和思路，以提高立交区景观质量。

关键词：立交区域　景观设计　百年交通史

近年来，新昆明建设高速发展，城市面貌日新月异，昆明无论在城市交通、环境、建筑景观风貌上都得到了巨大的改观，城市建设呈现出一个欣欣向荣的景象。然而，认真思考，冷静认知我们的城市，发现存在的问题还很多，城市诸多地方的整体环境质量并不如意，主要表现在城市要素间不够协调，城市文化与自然特色没有充分表现，城市特色渐渐消失。城市规划虽然对社会经济发展、土地利用、交通、生态等建设发挥了巨大作用，但是优化城市环境却显得力不从心，规划与工程设计（建筑、景观和市政交通）之间存在着很大的真空，缺乏整体设计。现城市建设已进入到追求质量的阶段，人们越来越关注城市整体形态的完整，环境品质的优化，城市活力的提升和特色塑造。因此景观环境设计显得日愈重要。本文着重从分析昆明市区部分立交区及其周边环境现状中存在的问题，以官南立交区景观设计为例，探讨昆明立交区景观及环境整体设计的一些方法，对昆明的交通环境整治和城市形象的整体塑造提供一些借鉴。

一、昆明立交区景观及环境现状

随着城市发展和交通发展的需求，近二十年来，昆明根据城市规模的扩大和道路建设的需要，先后在主城区一、二环路周边形成了多个立交区域。但由于时代、经济设计理念等诸多方面的局限和制约，造成我们每新建一座立交桥，虽然解决了区域的部分交通问题，但却没有在立交桥区域整体空间的形象及环境塑造上进行深入的思考，仅仅是单纯地建一个交通设施，对桥下及周边环境缺乏设计引导，仅以简单的手法进行绿化，甚至不做处理。长期以来，在立交桥周边及桥下形成一些无序的市场，甚至是闲散人员聚散地。多年来藏污纳垢，

---

*本文获昆明市第九届自然科学优秀论文二等奖。

既严重影响城市景观，又对城市带来了很不安全的因素，城市立交桥下部及周边区域长期以来是城市环境建设和城市管理的盲区，严重影响着我们的城市质量。

1. 昆明主要立交区的现状概况

昆明主城二环路以内现有18座立交桥，16座作为城市出入口分布在二环路上，而西站及小菜园立交桥作为城市立交分布在一环路上。城市总体规划中确定的九处出入口为关南、石虎关、菊花、大树营、小坝、小庄、金星、明波及小屯立交。这些出入口是昆明东西南北四个方向的重要出入口，也是进入昆明的城市门面，是城市环境形象的重要节点。但纵观昆明这些重要出入口，可以说没有从整体景观形象上对昆明的城市形象塑造起到标志性作用，并由于在立交桥建设时期，缺乏对周围空间及桥下空间的合理设计，使这些出入口形成的环境质量及景观效果无法达到一个现代化城市对立交景观的要求。

2. 立交区域存在的主要问题

（1）功能问题

作为立交区域，桥体主要功能为交通功能。而桥下公共区域功能混杂，既有交通、又有商业，同时还有绿化等，形成了杂乱无章的桥下区域。如大树营、菊花、黄土坡、西站等立交下多为无序的市场、摊点等造成人车混杂，交通拥挤，环境卫生及治安状况恶劣。

（2）交通问题

立交桥下部的机动车流及非机动车流组织不合理，人车混乱造成阻塞及安全隐患。

（3）环境问题

周边建筑空间环境质量及桥下环境质量较差，临时建筑、摊点等，垃圾污水泛滥，治理及管理极为困难。

（4）绿化问题

多数立交桥下都不设绿化或只是简单绿化，对空间利用没有起到让人流休闲的作用，同时绿化设计及种植手法单一，效果一般。

（5）桥身及桥体问题

立交桥桥身桥体缺乏美化，更多的是被各种小广告、小招贴污染，形成对桥身及桥体形象的破坏。

图1　昆明部分立交区现状

二、关南立交区景观设计实践探索

2004年来，随着官南立交桥的新建，可以极大地缓解城市南部出入口的拥挤，同时也可减轻了二环路及周边区域的交通压力。但在立交桥即将建成的同时，一个新的问题又摆在建设者的面前，即立交桥区域整体空间环境塑造问题。

1. 官南立交及周边环境概况

官南立交桥是昆明快速交通系统的一个组成部分，桥下规划用地位于二环南路和盘龙江交汇处，东与火车站毗邻，西侧为昆明新汽车南站，北部用地跨成昆铁路与市中心青年路相连，南侧接关南南部，整个区域是主城南部一个重要的交通枢纽区。立交区域总用地 12.85 公顷，三层立交桥体系是昆明现阶段最大和最复杂的立交桥。在用地的周边多为居民集中区。

2. 规划研究及思考

面对这样一个空间，摆在我们面前有几条出路，可以简单绿化或在建设中善意回避，但如果坐视不管，势必可能又出现一个类似石虎关、西苑等令人遗憾的立交区域。本着一个建设者及设计者的创作激情，结合关南立交桥功能及区位，我们提出了几种设计思路：

（1）形成一个结合火车南站前广场的休闲绿化公园。

（2）考虑部分商业与休闲设施，形成一个综合性公共空间。但思考之余，总觉得不能只是一个单纯的绿化或商业空间，应该在这样的一处特殊的用地上注入城市文化的元素，充分体现其城市设计的特点。因此，我们思考能否在这一交通节点上，把许多为昆明城市发展和进步作出贡献的交通历史、事件及方式的片断重新展示在这一特殊的地块上重新定义，使这些文化元素得以在城市中再现。思路逐渐开始清晰，在官南立交这个集铁路、公路、水运等多种交通方式聚集的枢纽区，利用桥下空间，重塑"昆明百年交通史"的载体的最佳区域非此莫属。提出这一设计理念，结合所需的绿化、休闲及商业功能，利用桥柱、桥身下部及周边区域进行人文景观的再现与塑造，在昆明立交区景观设计中作一个全新的尝试。

3. 设计理念及手法

官南立交区是一个交通枢纽区，盘龙江、明通河在周边通过。城市快速系统和城市道路在此交汇，地面交通状况复杂。设计在解决地面交通功能的同时，力求营造一个展示昆明百年交通史的场所。提出露天展览馆的理论，在表现手法上不是简单的构筑，而是应用规划、建筑、园林景观、艺术设计等多种手法来综合表现"百年交通史"，结合雕塑、文字、照片和环境小品等设计手法，将交通史上的重要事件、设施、人物等进行场景式的有机展示。

4. 昆明交通史素材

支持设计构思及创作的源流是多种设计素材。创作官南立交景观区，我们选取昆明交通史及云南交通史中最具典型性和特色的片断作为依据，充分挖掘这些本土交通史，这些素材中有驿道、驿站、铺、桥、关、码头、溜索、快马加急等，涉及茶马古道、公路交通、水运交通、航空运输等多种交通方式，通过多种设计手法及艺术表现方式，形象地把历史和文化再现在昆明市民的休闲生活中。

5. 设计内容

（1）规划总体布局

规划分区以二环路为界，分为南北两个区域。

①南区——交通史展示区

在设计上把本区定位为动态室外展示区。用地被二环南路、明通河、盘龙江所围合，由于用地北部为火车南站、西北为长途旅游汽车客运站，西南是金湾汽车站，因此该区域为重要的人流聚散区域。结合主桥的大部分空间较高的区域集中在南部用地内，在设计上把交通史展示内容主要放在南区。形成"一轴三区"的规划布局。

一轴：即立交桥主桥下部空间。在此轴线上以百年交通史时间轴作为展示主题，从千里之行始于足下为序到中心雕塑广场为终。中间结合这条主要轴线，穿插布置集会广场、活动广场及休闲商业空间，根据分区功能，点缀与昆明百年交通史有关的素材。按时间顺序为：千里之行始于足下──→交通路面变迁──→六百里加急──→火车车厢──→老火车北站──→对外交通广场。交通路面变迁由毛石路、公路、铁路过渡到现代交通。在材料运用上结合交通路面材料的时间变化反映历史的变迁，同时结合对应位置的桥下桩身以浮雕内空展示同时期内的历史场景和画面及文字说明，在地块中央区域处设置交通主题广场，交通广场上布置了百年交通史大型双面圆雕，古驿道地浮雕，五种与交通史相关的圆雕、小品及文字，形成以一个交通来展示的高潮与集中区域。

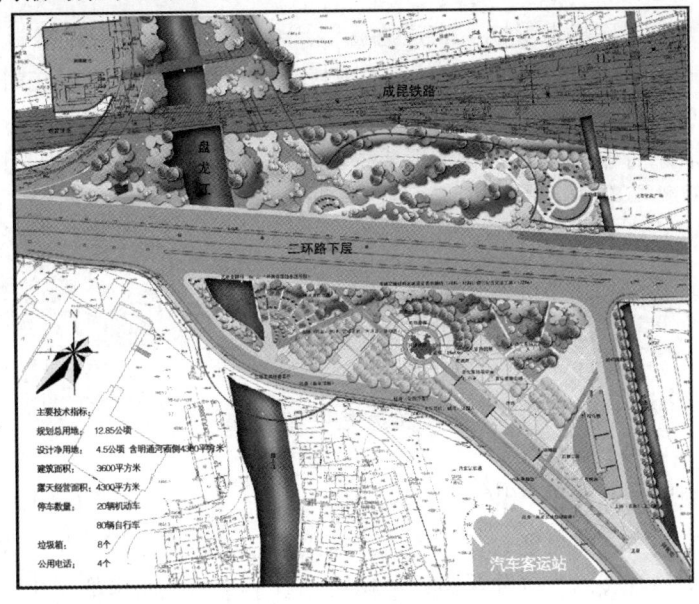

图2　规划总平面图

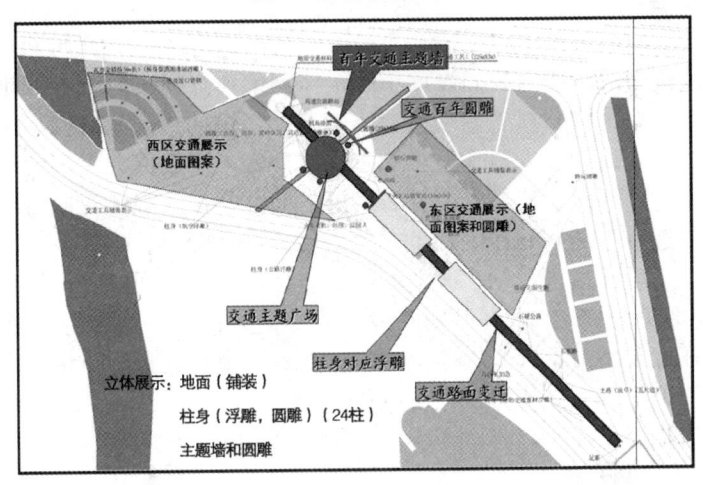

图3　主要交通史

三区：在南区又形成三个功能区，即西侧水运交通文化区，东南侧综合服务区及中部广场展示区。在水运交通区域结合盘龙江意境，主要以场地设置，小品设施及绿化，综合表示水运交通工具及历史；服务区利用东侧用地，结合道路设置一组两层的综合服务楼，既满足该区域管理的需要，同时也满足周边活动休闲人流的服务需要，交通展示区即一轴线上所设置的百年交通史广场。

②北区——城市窗口区

位于成昆铁路和二环路之间，为进出昆明铁路的一个重要景观区。由于该区为铁路及公路的中间区域，外部行人进入有一定困难，设计上将其作为展示云南、昆明形象的窗口，采用丰富多彩的云南民族风情凝练在铁路旁桥下柱身上进行浮雕展示,地面部分以绿化为主,创造茂密、热烈的环境艺术效果。北区东侧设置旅游纪念品和小型休息场所,跨明通河与火车站南广场西侧对接,形成南广场的西界面。

(2) 主题雕塑创意

主要在百年交通史广场上形成"古道悠悠"、"雄关驿站"、"涛声帆影"、"汽笛破晓"、"古城起飞"、"汽车轰鸣"、"抗日中枢"、"现代交通"为主题的大型主题浮雕墙,同时形成五组以浮雕墙自然结合的圆雕,以此形成交通主题展示空间。在柱身上主要以浮雕及说明文字为主,配合展示百年交通史内容,形成一系列完整的交通主题雕塑展示系列。

图4 交通史主题浮雕墙

(3) 绿化景观设计

官南立交景观区的绿化设计以"配"为主,即配合主题需要、休闲需要、景观需要而设,南区多以乔木为主,尽可能让休息人流进入到该区域活动休闲,北区乔、灌木及适当草坪结合,创造一个景观展示及绿化屏障区,两区结合形成南疏北密的绿化空间景观特色。

三、存在的遗憾

在12.85公顷范围的用地内我们设计了一个休闲景观空间,但由于用地周边还存在多个环境质量较差的区域如马洒营村、南坝村、宋旗营村、福德村、南窑村,在短期内我们还无法改变这些区域的环境质量及人员素质,加上周边外来人流量巨大,都给景观区未来的使用及管理带来巨大干扰。因此,我们只能怀着美好的期待,在景观区建成后,能得到每一个人的爱护,为市民创造一个美好的休闲环境。

官南立交桥景观设计只是我们在改造城市交通环境空间方面的一个初步尝试,工程现已建成,"丑媳妇总要见公婆",能否得到厚爱,静等世人评说,但好与坏是与非,我想我们毕竟为改造同类环境及城市景观迈出了第一步,随着城市空间景观质量提升及环境美化的需要,我对第二步、第三步充满信心,拭目以待。

以下为建成后效果图:

图5 六百里加急

图6 救助盟军飞行员

图7 表现交通发展的浮雕群

图8 景观绿化

塑造富有活力的城市公共空间

——昆明南屏街步行商业空间设计

王 军 后晓红

(昆明市规划设计研究院)

摘要：城市公共空间既承载着城市居民大量的户外公共活动，又体现着城市的建设水平、地域特征和文化。遵循以人为本的原则，南屏街步行商业空间设计从人的物质需求和精神需求两个方面，对城市公共空间的设计进行了积极的探索和实践。

关键词：城市公共空间　步行商业空间　人性化空间　地方特色　文化内涵

步行商业空间是重要的城市公共空间之一。南屏街步行商业空间建设工程的实施，为我们探索建设人性化的、富有文化内涵和地方特色的、充满活力的城市公共空间提供了良好的机会，也为塑造昆明的城市形象和提升城市品质起到了积极作用。

一、历史沿革与区位

南屏街形成于 20 世纪 30 年代，乃拆除城墙、填平护城河建设而成，东起护国门，西接丽正门，因其建成时正逢抗日战争，故以"南屏"为街名，意为南方之屏障。当时，南屏街上不仅有昆明最大的银行、最高的楼，还有昆明最漂亮的南屏电影院、昆明戏院，加上酒吧、舞厅，南屏街成为当时盛极一时的金融、商业和娱乐中心。进入 21 世纪，因南屏街正处于城市中心商业区和历史风貌区的交汇处，与"一轴三片"（即城市传统金马碧鸡坊步行街区）有着密切的联系，因此，南屏街步行商业空间再一次成为昆明的金融、商业和娱乐中心。

二、现状

南屏街步行商业空间东起护国路，西至东风西路人民银行，全长 685m，街道总宽 40m 左右，其中车道宽 15m，双向四车道，为城市交通主干道，街道两侧功能以金融、购物及娱乐为主。

1. 沿街建筑物及景观

南屏街周围的建筑年代跨度大，包括传统历史建筑、建国初期的代表性建筑，20 世纪 60 年代~70 年代的住宅及现代建筑。建筑形象无特色，不能体现良好的城市形象，功能构成有金融、商业、居住、办公、接待、教育、娱乐等繁杂内容，其中有一些功能与步行街的性质不相适应。整个南屏街两侧用地功能构成不合理，缺乏足够的支撑性大型商业品牌企业，教育设施与街区功能性质不符；黄金商业带进深太薄，应向纵深发展；景观环境质量差，缺乏休息场所；各种设施布置杂乱，缺乏统一的设计和管理，造成视觉污染。

2. 交通状况

南屏街位处城市中心商业区，区内停车设施较为齐全，周边支路街巷较发达，加上南屏街下穿道路的建设完成，为南屏街的动、静态交通组织提供了良好的条件。

三、整体设计构思

设计的核心追求即是要在整个设计系统中体现出一种追求动态实用主义和静态文脉、元素密切关联并相互融合的形式。对设计的实用主义进行理性分析的最终目的是创造一种极具服务效应的全新的人性化都市景观，浓郁的地方文化特色贯穿于现代城市空间之中（图1），它既是反映城市文化风貌的直观载体，又是城市事物运动与空间充分互动与容纳的有机容器，成为实现生活与观赏并重的动态空间。

图1 小品

运用多元化的设计理念，对城市个性化景观设计做全新的思考与大胆的尝试。在步行商业空间中，通过对各种直观的交流要素（如巨型铜质昆明老地图地雕等）进行个性化的创意，力求突破以往都市景观空间中过于静态、惰性和封闭的格局，使动、静态空间的结合程度达到较高水平。对环境整体与局部关系进行精心处理，使其功能交织成为可能。从功能到结构，整体空间和局部形式的衔接自然，边界柔和，保持了现场体验的整体相关性和视觉经验的连续性。

设计力图使人群能非常轻松地参与其中的各类休闲活动，通过人同景观之间的互动体验，极大地增强人们的好奇心和参与精神，加深人们的记忆和激发人们的愉快情绪。

南屏街步行商业空间的设计目标是通过对城市公共空间与事物互动关系的充分体现，在整个宏观与微观效果中呈现出较强的协调性、美观性、整体性和稳定性。

四、人性化空间的塑造

1. 交通

在机动交通成为主要的交通方式之后，我们的城市生活被改变了，大量的城市空间被车辆占用，人们的活动被分割、肢解，人们处于紧张不安的状态，失去了体验生活、观察生活的趣味和快乐。南屏街机动车下穿隧道的实施，解决了行人与机动车的矛盾，为步行商业空间提供了良好的交通条件。考虑到昆明非机动车流量大的特点，为避免行人和非机动车互相干扰，我们在规划设计中提出了禁止非机动车穿行，以人行为主的方案；同时，利用南屏街两侧密集的城市支路，为非机动车通行提供有利条件，保障了这一区域良好的可达性。

在步行商业空间的东西两端，利用下穿隧道的敞开段，增设单向通行辅道，作为公共交通及出租车落客、载客和掉头的空间，同时结合正义路步行街的实施，在南北向上形成步行体系与人民路、金碧路两条公共交通专用线紧密联系，真正实现了城市公共交通与步行体系便捷、安全的转换，缓解了城市交通的压力，为塑造人性化的城市空间提供了保障。

2. 空间尺度

南屏街步行商业空间步行区长485m，宽40m，在与正义路交汇处向南北两侧扩展形成一个较大的核心广场。街道两侧的建筑不是尺度巨大的现代建筑，就是尺度较小的旧式建筑，在这样一条长度较短的街道上，40m的宽度给人以空旷冷漠的感觉。根据国外的研究资料，人眼能够看清物体的最远距离是70~100m；当距离缩小到20~25m时，人眼能够看清别人的面部表情，这个时候尺度是宜人的，只有面对面才能令人感兴趣，并具有一定的社会意义；当距离变为12m时，空间尺度让人感觉是亲切的。

依照这一研究资料，设计通过街道两侧的行道树、可移动的树池和街道中部景观休憩带将街道划分成宽度为10~25m的带状；在东西方向上通过景观小品、雕塑、水景的布置（间隔为20~35m），在街道中形成一个个形态各异的休憩空间，并在各个空间形成视觉趣味点，丰富空间效果。

南屏街与正义路交汇处的核心广场面积约为10000m²，四周建筑体较高大，考虑到正义路传统中轴线视线的连贯性，设计在广场四周布置了4组大型的树池（图2），并种植大树，增强了广场的领域感，丰富了空间层次，削弱了高大建筑对空间的压迫感，并在大树下形成尺度小巧、从属感强的休息空间。

图2 核心广场大树池

3. 使用和活动

步行商业空间的使用者主要是人，这些使用者可分为穿行者和逗留者，他们所产生的活动分别为必要性活动和自发性活动。必要性活动主要为日常工作和生活事务性的活动，如上班、购物、约会等，这些活动是必需的，它们的发生对外部环境的要求不高。自发性活动是人们愿意参与，并且只有在时间、地点可能的情况下才会发生，如散步、锻炼身体、驻足观望或坐下来晒太阳等，这类活动对外部环境的要求较高，需要身边有丰富的视景和能吸引人的"停留点"。当这两类活动发生时，即产生了另一个"连锁性"活动——社会性活动，也就是人和人之间的交流。它可以是共同的游戏，可以是互相打招呼与交谈，也可以仅是以视听来感受他人。

设计在街道两侧布置了5~8m宽的步道作为行人的使用空间，中间布置让逗留者使用的休息空间，并在休息带上设置了景观小品、雕塑和休息设施，让人驻足观赏与休憩。同时，在新华书店和新昆明电影院前布置露天休息吧，为商业活动提供了可能。开敞的核心广场，成为人们聚会的场所，结合地形和小品的设计，让这一区域具有举办一些大型活动的功能。空间的相互分隔、相互交融，为多样化的活动和城市生活提供了条件。

五、地方特色与文化内涵的塑造

1. 雕塑

在塑造南屏街步行商业空间的地方特色和文化内涵方面，雕塑作品有着积极的作用。作为城市公共空间中的艺术作品，雕塑应具有创造愉悦感及对城市生活的惊叹感的共性，通过对历史、地方文化的吸收，激发人们的想象力和创造力，体验城市生活的变迁，促进人们的接触和交流。

为实现真正反映昆明特色的这一目的，设计在题材上多选择与城市公共生活息息相关的雕塑作品，如步行街中的6组雕塑（图3）、由通风井而来的图腾柱（图4）、似屏风状的雕刻墙（图5）等，虽然表现方式各不相同，却都透着浓浓的历史文化气息，让人回味，使人流连。

设置在核心广场上的昆明老城地图地雕，更是作品中的重彩。这一艺术形式，既与城市传统中轴线相呼应，又能让人们参与其中，认知昆明城市的变迁历史，重拾旧时美好的回忆。

2. 景观小品、水景

景观小品、水景的作用与雕塑作品的作用是相同的。在南屏街步行商业空间这一热闹的商业环境中，如何既

图3 雕像——照像

与周边的环境相融合，创造一种快乐、祥和的气氛，又反映出一定的地方特色和文化内涵是设计考虑的重点。设计中两个重要的标志性小品都选择了与水景相结合。东部的叠水呈正圆锥状，造型由最具云南特色的草帽锅盖演化而来；西部的金斗亭临水而设，造型打破常规亭子的形式，呈倒锥体，如斗状，寓意日进斗金，与商业街的氛围相吻合，亭子采用现代材料，细部造型融入了传统建筑的元素，与安置于亭子正中的石雕太平缸相结合，创造出新颖、别致的视觉效果，增加文化氛围（图6）。

图4 图腾柱　　　　　　　图5 雕刻墙　　　　　　　图6 金斗亭

六、结语

该工程的实施在各方面都取得了较好的效果，基本做到了市民满意、游客满意、领导满意、专家满意，也基本实现了设计人员的设计意图，在感到自豪与欣慰的同时，也感到在创造富有活力的城市公共空间的过程中，这仅仅是一个开始，如何创造一种积极向上、健康快乐的城市生活，还需要总结，还有许多工作要做。

参考文献：

[1] 杨·盖尔. 交往与空间. 中国建筑工业出版社，1992

[2] 克莱尔·库珀·马库斯，卡罗琳·弗郎西斯. 人性场所——城市开放空间设计导则. 中国建筑工业出版社，2001

[3] 李雄飞，等. 国外城市中心商业区与步行街. 天津大学出版社，1990

风景名胜区规划中的资源保护与利用

陈 文

(昆明市规划设计研究院)

摘要: 风景名胜区资源和环境保护中存在自然资源破坏严重、人造景点过多的问题,需正确认识资源、环境保护与旅游开发的关系,重视规划,强化管理,坚持保护第一、适度开发原则,在环境承载力允许的前提下开展旅游开发与经营活动.

关键词: 风景名胜区　资源与环境　九乡

一、风景名胜区资源和环境保护存在的问题

(1) 自然资源和景观资源遭破坏严重。风景名胜区资源是人类宝贵的自然、文化遗产,是不可再生资源,我国的风景名胜区只占国土总面积的1%。随着旅游业的发展,风景名胜区资源遭受不同程度的破坏,使风景名胜区在资源保护和环境方面出现了一系列问题,超强度开发严重破坏了自然生态和景观资源,一些风景名胜区只顾追求眼前的经济利益,而忽视资源保护,如以经济为目的,出让或变相出让景区资源及土地,在景区内设立各类开发区、度假区。经营权的出让,导致管理失控。

(2) 人造景点对自然景观的破坏。风景名胜区依托的应是自然和人文景观,人造景点的过度建设必然破坏景区的自然美。众多景区为了满足旅游经济的短期需求,急功近利,过多地设置人造景观及消费设施,把"游"和"住"放在首位,破坏了自然的和谐,使保护与开发产生矛盾。

(3) 空气与水环境质量降低。位于风景区内或风景区周边的工业区,将未经处理的工业废水及生活污水直接排放到湖泊景区,严重污染了景区环境,降低了景区的空气和水环境质量。

(4) 天然林覆盖面积下降。虽然近年来国家出台了一系列天然林保护措施,但由于受区域经济利益的驱使,一些景区的天然林仍不时遭到砍伐和破坏,导致区域环境恶化、景观质量下降,对区域旅游业的持续发展极为不利。

(5) 不合理的开发利用高原湖泊,严重破坏了湖泊水生态系统。在湖泊水资源的开发和利用中,不遵循生态规律,破坏湖泊生态系统固有的能流、物流路线和水生生物平衡,个别优势物种疯长,水质污染严重,水体富营养化严重,如滇池。

(6) 游客容量超负荷,导致资源遭破坏。西南地区的一些喀斯特地貌核心景区与地下溶洞的旅游生态环境容量有一个"瓶颈"极限,游客数量长期超过其旅游生态环境容量,必将导致旅游资源的破坏。

二、风景名胜区中资源保护与旅游开发的关系

随着人们生活水平的提高,旅游已成为人们提高生活质量的重要组成部分。2000年以来,全国各景区每个黄金周假期接待游客数均在1000万人次以上,且呈快速上升趋势,绝大多景区都在超负荷运行。当汹涌的人群散去之后,景区垃圾遍地,环境受损,旅游可能会带来经济的一时繁荣,但把握不当、缺乏科学规划引导的旅游,也是一种生态之灾。因此,发展旅游业不应该只强调对旅游资源的开发与利用,而应该更强调对旅游资源的保护,即按照"不伤害环境的旅游"、"可持续发展的旅游"等理念来引导旅游开发,把资源保护作为旅游开发的前提条件。

景区资源及环境与旅游是"皮"与"毛"的关系,资源环境是旅游的基础,一旦资源环境被破坏,各种旅游就将成为无源之水,无本之木,因此,应从以下方面处理好资源、环境保护与旅游发展的关系。

1. 重视规划,强化管理

造成旅游过度开发和超容量发展的关键是景区管理人员规划意识和管理意识不强。目前,我国许多景区正在进行重新规划和强化管理,清除景区内的宾馆、办公楼和各种商业设施,恢复景区的自然风貌,保护旅游的自然特色。

2. 保护第一,适度开发

对于风景名胜区的旅游开发,应理解为开发就是对景区自然特质的恢复、完善和提升。对被破坏的文物资源、宗教设施及基础设施的恢复建设是一种保护型的旅游开发,用恢复开发促进资源保护,形成一种资源保护与旅游开发的良性互动。

3. 旅游开发及经营应考虑到环境承载力

我国经济发展正处于高速增长期,众多地方政府利用资源进行招商引资,但在旅游资源开发中必须处理好景区的开发层次,即哪些资源可以利用,哪些区域可以开发。成片的旅游开发应尽量选在景区的边缘地带,以不破坏自然景观为前提;对核心景区的开发更要严格限制,慎之又慎。

4. 有偿使用旅游资源

实行风景区资源、环境保护的目的既是为了实现自然环境的可持续发展,也是为了实现经济的可持续发展,二者并不矛盾。因此,在旅游资源的使用中,除采取限制生态环境容量的措施外,还应对景观资源采取分级有偿使用措施,以提高门槛,变消极保护为积极保护。分级有偿使用旅游资源的措施从管理及"经济限入"两方面入手,既适当发展了旅游业,又较好地保护了资源与环境。

三、风景名胜区总体规划中的资源保护与利用

在风景名胜区总体规划中,我们首先要做的工作就是进行资源的调查与分析,依托资源特色,做好景区规划;充分利用资源特色,做到保护与开发并重,以资源出特色,以规划促保护,以开发促旅

图1　溶洞

游,以管理促发展。结合昆明九乡风景名胜区总体规划中的一些体会,笔者认为风景名胜区总体规划中的资源保护与利用应在充分分析景观资源特色的基础上,挖掘自然资源所拥有的特点,从景观学、地质学、植物学和风水学等多方面加以规划和研究,提炼出景区的品牌,做到有序开发,保护为先。

九乡风景名胜区是云南省新兴的以溶洞景观为主体,融自然风光、人文景观与民族风情于一体的综合性风景名胜区。目前,景区资源及环境保护良好,很多区域保持了原始的自然及人文风貌,为景区规划及保护奠定了良好的基础(图1)。

1. 九乡风景名胜区资源特色

对九乡丰富的自然及人文景观资源进行分析对比、科学评价后,提炼出以下主要特色:

(1) 自然景观资源丰富、秀美。九乡风景名胜区拥有分布面广的溶洞群、湖泊水系、河流切割峡谷地貌及丰富的植被景观,青翠葱郁的林木植被与绿水苍崖、溶洞风姿相映成趣(图4)。

(2) 人文景观历史悠久。九乡风景名胜区内迄今存有古人类居住遗址——张口洞遗址、彝族先民崖刻等人文古迹。其中,张口洞为省、市两级文物保护单位,规划拟在该洞建立云南省第一个洞穴博物馆。张口洞遗址中的"多坑形石器"为国内首次发现,代表了我国南方一种独特的旧石器文化,称为"九乡一绝",已引起国内外考古学界的关注。彝族先民崖刻的创作年代约在两千年前的秦汉时代,九乡崖刻在云南省内系首次发现,具有多方面的功能和研究价值。

图2 柴石滩水库

图3 柴石滩水库大坝

另外,九乡为彝族世居之地,具有悠久浓郁的民族风情。例如,猎神节、祭白龙、祭密枝、送火神、斗牛、摔跤等活动反映了彝族独特的民族风情。

2. 景区性质与保护原则

(1) 以资源特色为依托,明确风景区的性质

根据自然风貌和人文景观等资源特点,可将九乡风景名胜区的性质确定为以喀斯特溶洞景观及峡谷河道风光为主,林地风貌和人文景观相结合,与石林国家级风景名胜区相呼应,具有旅游和科学考察等多功能的综合性风景名胜区。

(2) 景区保护原则

九乡风景名胜区的保护应遵循综合规划、全面保护、重点开发的原则。保护重于开发,在保护的前提下合理开发和建设,使既有的自然景观和人文景观特征更为突出和完善,逐步把九乡风景名胜区建成一流的资源型综合风景名胜区。

①加强对自然景观、人文景观和风貌环境的保护,把保护和开发结合起来,在现有基础

上结合资源条件及特色扩大游览范围。

②系统保护景区内的山水、喀斯特地貌、峡谷、森林等自然景观，同时保护各种人文景观，使人文景观与自然景观相映成趣。要突出自然景观，各项建设应处于从属地位，规划设计及景区建设力求纯朴自然，采用当地材料，体现"九乡风格"的粗犷、豪放、乡土情趣，力求做到人工美与自然美的完美结合。

③合理划分功能区域，按各区的性质和资源特点确定保护和建设的具体内容，正确处理好溶洞、河谷、植被等各种自然资源与景区建设的关系。

④加强整体观念，建立与风景旅游相适应的交通网络、服务设施网络和完善的经营管理机构。

⑤加强九乡风景名胜区与周围城镇、风景区的联系，建立互相协调的旅游网络，不搞重复建设，既突出景区特点，又使其旅游上与其他景区形成特色互补。

图4　荫翠峡

3. 在规划中合理确定景区划分及保护规划

在风景名胜区规划中，首先要合理划定一、二、三级保护区和核心景区（图5），根据各景区的资源特色确定不同的游览项目。核心区应以自然景观为主组织游览；一、二、三级保护区除设置必要的游览设施外，应围绕保护区内的自然景观及人文景观组织重点游览项目。

根据九乡风景名胜区景观资源的特点及不同景区、景点及地域完整性，游览线路的组织和管理上的方便等要求，将核心景区归纳划分为三大景区，三大景区又分为多个次级景区。三大景区及各保护区划分如下：

（1）叠虹桥溶洞景区。以叠虹桥景区为核心，以三角洞景区、大比者景区、大沙坝景区为一、二级保护区。叠虹桥溶洞景区性质为：以溶洞群景观和人文景观（洞穴博物馆）为主，结合洞外峡谷、田园风光进行各种旅游活动的综合性景区。

（2）马蹄河峡谷风光景区。以代帽山河段景区为核心，以岔河段景区、大叠水河段景区为一、二级保护区。代帽山河段景区以天然峡谷绝壁风光为主，结合两岸河道、河滩及植被形成景区特色，并融游览、野炊、攀崖等娱乐性项目于一体。岔河段景区的性质为：以河谷、山景、植被、河滩为主要景观的休闲观光区。大叠水河段景区利用天然河道水急弯多的特点，主要组织峡谷漂流活动。

（3）柴石滩水库（天龙湖）景区。以水库大坝风景区为核心，以湖面风光区、水上娱乐区为一、二级保护区（图2、图3）。水库大坝风景区是以欣赏"珠江第一坝"为主的风景区，该区是大坝柴石滩水库景区的主入口，大坝建设宏伟壮观，游人可在此观赏到坝高101.8 m的"珠江第一坝"和连接九石阿公路的、桥高16m、主跨260m、被誉为"亚洲第一桥"的柴石滩大桥。湖面风光区是以水库湖面风光及沿岸风光为主的水上游览区，库区山水环抱，碧波荡漾，库区从大坝到九乡约 10 km 水线在天设地造的喀斯特地貌区中蜿蜒流淌，是开展湖上风光旅游的理想区域，可组织游人乘游艇沿湖欣赏自然风光。水上游乐区是以湖面开阔地带组织水上娱乐活动为主的景区，可开展降落伞、汽艇、水上摩托、冲浪、帆船等水上运动，还可在湖边或空地上开辟水边营地及度假区，开展风情旅游。其建筑应与自然相协调，以木屋、竹楼、水居、树居、帐篷为主，并在适当的时间开辟九乡至乃古石林的水上交通游览线。

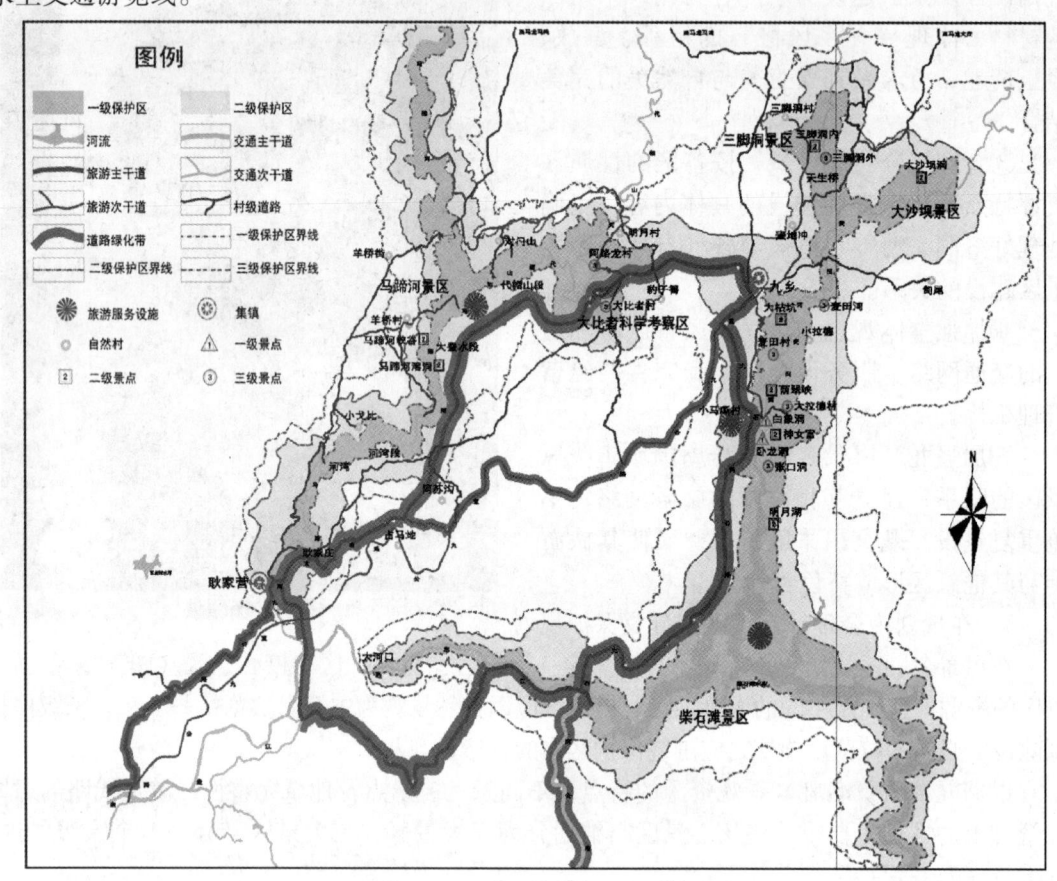

图 5　九乡风景名胜区规划总平面图

4. 合理编制基础建设规划

基础设施的规划布局和建设应为景区资源保护服务。景区内的旅游路线规划应尽量避免对自然山体、植被造成破坏，给排水设施要满足景区游客及环保的需要，要加强景区环卫设施及防灾设施规划，确保景区不受到各种人为和自然灾害的破坏，实现自然资源及人文资源的可持续利用。

此次九乡风景名胜区规划，对基础设施规划及旅游设施规划极为慎重，不仅建议拆除叠虹桥景区部分影响景观的酒店及商业服务设施，还建议游客今后居住在宜良县县城。在马蹄河景区及柴石滩景区内除必要的旅游设施（如公厕、小配套、小接待设施等）外，均不设置其他旅游服务设施，开展以欣赏自然风光及原始风貌为主的旅游活动，以维护九乡的自然景观，保持风貌的完整性。

5. 处理好资源保护与景区建设管理的关系

严格保护、统一管理、合理开发、永续利用是风景名胜区规划的永恒目标，因此，在规划中应强调规划的可操作性，避免陷入景区管理处重资源保护而又无权、无能力保护景区资源，地方政府重开发建设而又无法、无能力开发建设的误区，应合理协调、统筹风景名胜区范围内资源保护与开发建设的关系。

四、风景名胜区总体规划中应采取的环保措施

据资料统计，在我国已开展旅游活动的风景名胜区和自然保护区中，有44%的保护区存在垃圾公害，12%的保护区出现水污染，8%的保护区存在空气污染，22%的自然保护区由于开展旅游使得保护对象受损害，11%的自然保护区出现旅游资源退化。因此，在风景名胜区保护规划中，应突出环保规划，制定相应的环保措施。

1. 制定科学的环保规划，有效保护和提高景区环境质量

九乡风景名胜区植物茂密，人口稀少，基本无工业污染，空气清新，环境质量较好。但近年在开发过程中已出现了一些不良现象，应加以警惕，采取对策。

（1）严格控制建筑的建造。近几年在开发过程中由于缺乏合理的规划，而导致建筑不断侵占和蚕食风景区用地现象的出现。叠虹桥入口处的建筑不断增加，破坏了山形和植被，应对已有建筑进行拆除并禁止新建。

（2）在九乡风景名胜区中不少水体受到污水的污染，亟须解决。如柴石滩水库因污染严重，现已无人游览。麦田河上游的洗矿、挖沙行为，造成水体混浊。因此，要完善污水、废水截污处理工程措施，规划明确污水必须经截污、收集、统一处理达到排放标准后，才能排入自然河流水系中。

（3）在对湖泊水系开展工程治理的同时，九乡风景名胜区规划已重点明确以生态治理为主、工程治理为辅的思路，如恢复天然湿地系统的生态规划方案。

（4）减少汽车污染。叠虹桥景区的车辆较多，特别是在旅游旺季，车水马龙，一片喧器。对交通噪声应加以限制，其一，运用装有低音喇叭和尾气吸收装置的专用旅游客车来运载游客，其二，对某些地段的旅游道路在高峰时实行车辆限制，以减少车行对游人的干扰，实现"游人天堂"的目的。

（5）旅游垃圾已成污染之害。游客将废弃的包装、瓶罐到处乱扔，既不卫生，又有碍观瞻，并且污染水源，影响植物生长，应引起足够的重视。故应在游人集中处、逗留点设置垃圾箱和有关设施，并配备人员定期集中处理，同时强化管理，增强游人遵守管理规定的自觉性和道德观念，以保护环境的清洁。

（6）此次的九乡风景名胜区总体规划已明确规定景区的空气及水环境监测措施，做到以保为主，以防为辅。

2. 确定合理的环境及游客容量标准

九乡风景名胜区已开发的叠虹桥景区是重点景区，是游客必游之地，而且都要从地门入洞。据实地调查，游览高峰的卡口是地门，只要地门进得去，洞内就容得下。因此，采用"瓶颈容量法"来计算通过地门的游人，以通过地门的游人数作为叠虹桥景区的环境容量，并以此作为九乡景区的上限容量。

据调查，通过地门的游客数约为25人/分钟。每天按开放6小时计算，日容量为：25人/分钟×60分钟×6小时＝9000人/天；按全年开放8个月计，年容量为：9000人/天×240天＝216万人/年。

3. 保持合理的森林覆盖率，控制经济林及经济农作物的种植规模，保持天然林的资源

特色

　　九乡风景名胜区现在的森林覆盖率为62.3%，在宜良县是较高的，但在局部地区还存在毁林开荒的现象，特别是砍伐树木用于烤烟对森林的破坏尤其严重，个别地区开始出现水土流失现象，如不加以制止，将破坏风景区的生态平衡和景观特色。因此，为突出地方林木特色，创造以森林为主的自然环境，建立不同的绿化环境区，规划因地制宜地提出进一步提高覆盖率的要求，近期应把森林覆盖率恢复到70%，中远期达到75%~85%，并在5年~10年内完全覆盖山体裸露部分。

参考文献：

[1] 建设部. 风景名胜区管理暂行条例

[2] 昆明市规划设计研究院. 九乡国家风景名胜区总体规划. 2003

[3] 昆明市宜良县政府县志办. 宜良县志

[4] 昆明市规划设计研究院，九乡风景名胜区管理处. 九乡风景名胜区资源调查评价报告

[5] 云南省环境科学研究院. 云南旅游生态环境现状分析

在传承与拓展中融贯发展

——对风景园林学科及景观设计学科的再认识

程 健[1] 吴 翔[2]

(1. 昆明市规划设计研究院 2. 云南方成规划设计有限公司)

摘要： 中国的快速城市化进程，给中国的景观规划设计专业提出了严峻的挑战，同时也带来了难得的发展机遇。中国的景观规划设计作为一个年轻而又历史悠久的专业，在传承传统学科知识的同时，更需要多学科融贯，更新知识体系，拓展专业领域，建立和完善自身的学科集群和体系，把体现环境可持续发展的思想作为园林景观的本质属性，把"自然设计"的思想渗透到各个领域，承担起大地景观规划和人类生态系统设计的重任。

关键词： 景观规划 设计 传承 拓展

一、引言

作为从事园林景观规划设计的专业技术人员，在长期的工作与学习中，深切感受到了随着社会发展，思想的变革，给学科带来的挑战及发展。从景观规划设计学作为学科名称的提出，也可看出一些拓展与流变。就传统意义上的"园林"的概念也逐渐从相对狭义的风景区、公园、庭院等领域拓展至相对广义的城市景观、大地景观等范畴；从传统的以审美为主体的规划设计逐渐发展到和现实问题密切联系，不断拓宽专业视野，以综合的学科建设观点来看待问题；从微观、中观尺度的景观规划设计逐渐过渡到从微观、中观、宏观三种尺度同时审视景观规划设计，对新时期学科的建设与发展有了一个较为全面的认识。

二、概念的拓展

传统的园林是指在一定的地域应用工程技术和艺术手段，通过改造地形（或进一步筑山、叠石、理水）、种植树木花草、营造建筑和布置园路等途径创作而成的美的自然环境和游憩境域。园林包括庭园、宅园、小游园、花园、公园、植物园、动物园等，随着园林学科的发展，还包括森林公园、风景名胜区、自然保护区或国家公园的游览区以及修养胜地（中国大百科全书）。而拓展后景观的概念是指自然过程和人文过程相互作用的产物。景观是一种复合的载体，由景观形象、景观功能、景观生态构成。它是指土地及土地上的空间和物体所构成的综合体，是复杂的自然过程和人类活动在大地上的烙印。景观作为大地综合体和多种功能（过程）的载体，可被理解和表现为：风景，作为视觉审美过程的对象；栖居地，作为人类生活其中的空间和环境；生态系统，作为一个具有结构和功能、具有内在和外在联系的有机系统；符号，作为一种记载人类过去、表达希望与理想，赖以认同和寄托的语言和精神空间。

三、规划设计内容与理念的更新

随着整个社会环境意识的提升，园林事业不断发展壮大，学科建设也面临着空前的挑战。有的专家学者提出了景观规划设计学的概念。在此，我们不就学科名称展开更多的讨论，仅从名称背后的内容谈一谈传统规划设计内容与理念的更新与流变。

就相对较新观念的景观规划设计学而言，它是关于景观的分析、规划布局、设计、改造、管理、保护和恢复的科学和艺术。景观规划设计学是一门建立在广泛的自然科学和人文与艺术学科基础上的应用科学。景观规划设计是综合应用科学和艺术的原则去研究、规划、设计和管理修建环境和自然环境。本专业从业人员将本着管理和保护各类资源的态度，在大地上创造性地应用技术手段以及科学的、文化的和政治的知识来规划安排所有自然与人工的景观要素，使环境满足人们使用、审美、安全和产生愉悦心情的要求。

景观规划设计是依据一定的程序，以科学理性的现状分析为基础，以相关理论为指导，选择最佳解决户外空间问题的过程。景观规划设计包含了两个专业方向：

景观规划与景观设计。同时，根据解决问题的性质、内容和尺度的不同，它又有三个层面（或三个尺度）的规划设计：小尺度——广场、街道、庭院、花园（微观层面）；中尺度——城市绿地系统、城市公共空间体系、大型城市公园（中观层面）；大尺度——流域、风景区、区域（宏观层面）。

本文将从三个层面谈谈笔者对传统的规划设计更新拓展方面的认识。

1. 小尺度的景观规划设计

就小尺度的景观设计而言，我们传统的风景园林学科体系也进行了大量的理论与方法的研究。从对基地的调查分析，对环境的理解与认识，对生活、游憩等多种功能与人的行为的研究，对造景元素的使用，对游人体验与冥想的关注以及对人与自然关系的哲学思考等等，都使我们能从容驾驭一个这样尺度的景观规划设计项目。应该说，我国的传统园林是我们巨大的财产，作为与欧洲、西亚园林一起成为世界园林三大系统之一的园林系统，积淀了我们几千年的宝贵的历史文化，也反映了我们的自然美学及哲学的观念，是我们需要传承的宝贵的历史文化。但对于使用者的改变，由为少数人服务转变为为公众服务；生存环境的改变，从原来人地关系的和谐到环境的恶化及严重的人地关系危机；人们思想的变革，对自然与环境的反思；以及审美观念的变化，受现代艺术的影响等等，都需要我们汲取更多相关学科的知识为我所用，对传统的理论体系进行进一步的发展与更新，以适应变化的社会需求。

2. 中尺度的景观规划设计

就中尺度的景观规划设计而言，随着社会的发展与变革，我们面临一些挑战，也遇到了一些困惑，同时，整个学科体系也在进行着理论的研究与更新。

城市公园设计已经有相对成熟的设计程序与设计内容，并有了行业的规范（《公园设计规范》），对需采用的技术路线、主要应满足的功能要求与指标有了相应的规定。在进行公园的规划设计时，景观规划设计师还应将其放到更大范围或上一层次的规划中进行审视，并给予更多的人文关怀，使我们的规划设计满足现代社会需求。

城市绿地系统规划，即城市绿化结构的总体布局规划，通过对各类公园、绿地、绿带的整体规划布局，使城市每个区域的绿化成为城市整体绿化网络系统的组成部分。作为城市公共空间的重要组成部分，城市绿地结构布局应与城市经济发展、城市风貌展现、城市生态改善紧密有机地结合起来。对此，我们已有一些既定的规划设计理论与方法，对重要的指标进行了强制性要求（《工程建设标准强制性条文城乡规划部分》），并进行了大量的实践。但随着社会的发展，我们必须把景观生态规划理念引入，改进传统的建立"点、线、面"结合的绿地系统规划原则，将绿地廊道、绿地斑块等要素在城市建筑等非生命空间为基质的环境中的数量及空间分布格局进行优化设计，为绿地系统规划提供更为科学的途径。同时，引入一些新的概念与指标：景观多样性、景观破碎度、廊道密度、景观板块最小距离指数等。现代绿地系统规划的原则强调城市绿地系统的要素多元化，城市绿地系统的结构网络化，城市绿地系统的功能生态合理化。城市绿地系统发展经历了由集中到分散、由分散到联系、由联系到融合的历程，呈现出逐步走向网络连接、城市与郊区融合的发展趋势。

随着社会的发展，城市人口急剧膨胀，人居环境受到威胁，我们面临诸多的城市与环境问题：户外体育休闲空间极度缺乏；土地资源极度紧张；财力有限，难以实现高投入的城市园林绿化和环境维护工程；脆弱的自然生态系统；乡土文化受到的强烈冲击等等，这都要求我们要有系统的观点，多学科融贯，对我们传统的规划设计理论与方法更新，力争在解决这些重大问题中发挥不可替代的作用，并形成适应社会要求的新的学科集群与学科体系。

3. 大尺度的景观规划设计

对于大尺度的景观规划设计，即区域的景观规划设计，传统的学科体系也有所涉及，如风景区规划，虽然也形成了一定的规划理论与方法，并有相应的国家规范（《风景名胜区规划规范》）。但由于对自然系统认识不全面，我们传统的规划有一定的局限性；对于新技术的应用（如 GIS）而言，传统的规划方法也还有需要提高与更新的地方。对于其他更广领域的区域景观规划，尤其是人与地理景观的关系，城市与景观的关系等，传统的学科体系则为空白。

随着人们对环境的认识，对土地的认识，对自然系统的认识的深入，以及可持续发展观念的深化与普及，景观生态学应运而生。景观生态学成为景观区域规划的重要指导理论。景观生态学是在地理学与生态学相互渗透的基础上所形成的交叉研究学科。它是研究景观单元的类型组成、空间配置及其生态学过程相互作用的综合性学科，强调空间格局、生态学过程与尺度之间的相互作用。它研究人与地理景观的关系，强调人对景观开发利用的同时要取得高效而和谐的结果。一方面，它是基于生态理念的景观规划，另一方面，它应用了关于景观和生态规划的新技术。

（1）生态理念的景观规划

景观生态学的研究对象和内容有三个方面：一是景观结构，指具体生态系统或存在"元素"之间的关系——主要指与生态系统的大小、形状、数量、类型及构型相关的能量、物质、物种的分布。二是景观功能，指空间元素之间的相互作用，即物质、能量、物种在生态系统间的流动。三是景观动态，指生态镶嵌体的结构与功能随时间的变化。

景观由缀块、廊道、基底构成。缀块泛指与周围环境在外貌或性质上不同，并具有一定内部均质性的空间单元。廊道是指景观中与相邻两边环境不同的线形或带状结构。基底则是指景观中分布最广、连续性最大的背景结构。

（2）景观生态规划的方法与新技术的应用

麦克哈格作为景观生态规划的倡导者，一反以往土地和城市规划中功能分区的做法，强调土地利用规划应遵从自然固有的价值和自然过程，即土地的适宜性，并因此完善了以因子分层分析和地图叠加技术为核心的规划方法论，被称之为"千层饼模式"，从而将景观规划设计提高到一个科学的高度，成为 21 世纪规划史上一次最重要的革命。规划通过对自然、人文要素的多层叠加来分析土地的适宜性，从而确定土地利用规划。在规划考虑的诸多因子中，生态系统的承载能力是制约因子。土地、水体自然生态系统的承载能力是在其系统没有明显崩溃的情况下维持种群数量的极限能力。

到20世纪60年代中期开始的地理信息系统和空间分析技术的应用，使景观区域规划更加科学。地理信息系统（GIS）是一系列用来收集、存储、提取、转换和显示空间数据的计算机工具。GIS在景观区域规划中的应用已经非常广泛，它主要用于分析景观空间格局及其变化，确定不同环境和生物学特征在空间上的相关性，确定缀块大小、形状、毗邻性和连接度，分析景观中能量、物质和生物流的方向和流量，景观变量的图像输出以及与模拟模型结合在一起的使用。如果将景观生态规划过程分解为：分析和诊断问题、未来预测、解决问题三个方面，那么，与传统技术相比，GIS尤其在分析和诊断问题方面具有很大的优势，主要反映在其可视化功能、数据管理和空间分析三个方面。在寻求解决问题的途径方面也有很大的潜力。

通过生态规划思想及新技术的应用，在大尺度的景观规划设计中，开始综合考虑社会问题、环境问题、自然系统，使景观规划设计从美化和装点花园走向拯救城市、拯救地球和人类。

四、结语

中国的快速城市化进程，给中国的景观规划设计专业提出了严峻的挑战，同时也带来了难得的发展机遇。中国的景观规划设计作为一个年轻而又有着悠久历史的学科，应在传承与拓展中融贯多学科知识，形成自己系统的学科体系。

面对当前工业化带来的资源、环境和人类生存问题，景观规划设计有必要对一些由来已久的园林绿地评价指标进行补充，绝不应局限一些表面的指标，如绿地率、绿化覆盖率、人均绿地指标等，而应对一些体现环境可持续性思想的园林景观本质属性进行衡量：必须把维护居民身心健康，维护自然生态过程作为景观的主要功能来评价；应强调用最少的资金投入来健全自然生态过程，强调有效地利用有限的土地资源来实现；强调利用生态系统的循环和再生功能，构建城市园林绿地系统；强调城市园林绿地系统是乡土生物多样性保护的最后堡垒，保护和发展乡土物种；强调每一地方都有其自然和文化的历史过程，两者相适应而形成地方特色及地方含义，对地方精神的表达绝不仅仅是形式而是一种体验；园林景观绿地不是一个独立的游赏空间，而是城市与大地综合体的有机组成部分，应作为人类生活空间和自然过程的连续性来设计和管理。

面对中国的现实问题，作为景观规划设计师应融贯多学科知识，从多方面拓展自己的专业能力与领域，承担起大地景观规划和人类生态系统设计的重任，把体现环境可持续发展的思想作为园林景观的本质属性，把"自然设计"的思想渗透到各个领域，使自己成为在不同层次、不同尺度上处理人与自然关系的中坚。

参考文献：

[1] 西蒙兹. 景观设计学——场地规划与设计手册. 王济昌译. 中国建筑工业出版社，2000

[2] 俞孔坚，李迪华. 景观设计专业学科与教育. 中国建筑工业出版社，2003

[3] 刘贵利. 城市生态规划理论与方法. 中国建筑工业出版社，2002

[4] 吴良镛. 人居环境科学与景观学的教育. 中国园林，2004

[5] 朱捷. 景观规划设计学方法（讲义）

市政建设

城市初期雨水处置对策及工程实例

李英豪　李亚

（昆明市规划设计研究院）

摘要： 采取有效的方法和措施对城市初期雨水进行处理和利用。
关键词： 城市初期雨水　处置方法　工程实例

初期雨水是指每次降雨从形成地表径流开始、一定降雨量内、导致河流（管道）中水质状况最差的那部分雨水。国外有资料将降雨形成地表径流的头 12 毫米降雨量定义为初期雨水。

国内外调查资料表明，降雨形成的初期地表径流含有大量污染物，有些污染物的浓度与城市污水处理厂的进水水质相近，某些重金属含量超过城市污水。这些污染物主要来源于大气尘降、地面垃圾堆积、车辆尾气排放以及地面冲刷侵蚀等。因此，控制初期雨水，成为雨水利用系统和城市径流污染控制的一项主要举措。设计得当，可以有效地控制每场降雨径流中的大部分污染物。

一、初期雨水的处理方法

（一）控制源头就地处理回灌地下

在大多数城市，由于地下水过量开采，导致沉降漏斗范围不断扩大，不少地区甚至出现了严重的地面沉降和断裂带。如果地下水长期得不到补充，地面沉降和断裂幅度将不断增大，从而导致建筑物倾斜甚至倒塌，造成严重的损失。所以，采取有效措施，利用初期雨水进行合理的地下回灌，是补充地下水的最佳方式。据资料显示，国外人工补给地下水量占地下水总开采量的比例：西德为 30%，瑞士为 25%，美国为 24%，荷兰为 22%，瑞典为 15%，英国为 12%。而在我国，虽说有部分地区推行这项技术，然而都是利用地表水来补充地下水，利用雨水进行地下水人工回灌的很少。作为补充地下水的一个有效途径，人工回灌是非常必要的，如果利用雨水来进行回灌，不仅可以增加地下水的存储量，而且可以减少洪水径流量，起到防洪排涝的作用，是一举两得的事情。

（二）人工湿地处理初期雨水

1. 湿地对有机物的去除

人工湿地的显著特点之一是对其有机污染物的较强降解能力。废水中的溶性有机物通过湿地的沉淀、过滤作用，可以很快地被截留而被微生物利用；废水中可溶性有机物则可通过植物根系生物膜的吸附、吸收及生物代谢分解过程而被分解去除。国内有关对城市污水的研究表明，在进水浓度较低的条件下，人工湿地系统对 BOD_5 的去除率可达 85% ~ 95%，COD

的去除率可达80%以上，处理出水足的 BOD_5 浓度试验在 10mg/L 左右。废水中的 BOD_5、COD 可在进水的 5m 内被迅速地去除，而 SS 可在进水的 10m 内去除 90% 左右。随着处理过程的不断进行，湿地床中的微生物相应的繁殖生长，通过对湿地植物的收割而将新生的有机体从系统中去除。

2. 湿地对氮、磷的去除

废水中的无机氮作为植物生长过程中不可缺少的营养元素，可以直接被湿地中的植物吸收，用于植物蛋白质等有机氮的合成。同样通过对植物的收割而将它们从废水和湿地中去除。

湿地中的氮主要是通过微生物的硝化和反硝化作用去除。湿地系统中的植物根系的输氮及其传递递补作用，使得床体中呈现出连续的好氧、缺氧和厌氧状态，这相当于许多串联或并联的 A2/O 处理单元，使硝化和反硝化作用在湿地系统中同时发生，人工湿地对氮的去除率可达 60% 以上。

湿地中对磷的去除是通过微生物的积累、植物的吸收和填料床的物理化学等几方面的共同协调作用完成的。污水中的无机磷一方面在植物的吸收和同化作用下，被合成为 ATP、DNA 和 RNA 等有机成分，通过对植物的收割而将磷从系统中去除；另一方面，微生物对磷的正常同化吸收而供微生物生长之需，聚磷菌对磷的过量积累，通过对湿地床的定期更换而将其从系统中去除。

为了不让雨水中含有的大量泥沙带入湿地，应在雨水进入湿地前采取工程措施——即修建沉沙池拦截泥沙。

（三）初期雨水弃流装置

初期雨水弃流装置是一种非常有效的水质控制技术，可去除径流中大部分污染物，包括细小的或溶解性污染物。弃流装置有多种设计形式，可以根据流量或初期雨水排除水量来设计控制装置，排除量需要根据汇水面的污染程度、水量的平衡和后续的处理技术等综合考虑确定。这里仅介绍以下三种：

1. 容积法弃流池

在雨水管或汇集口处按照所需弃流雨水量设计弃流池，一般用砖砌、混凝土现浇或预制。弃流池可以设计为在线或旁通方式，弃流池中的初期雨水可就近排入市政污水管，小规模弃流池在水质条件和地质、环境条件允许时也可就近排入绿地消纳净化。

这种方法的设计是根据雨水径流的冲刷规律合理确定弃流水量。优点是简单有效，不受降雨变化的影响，可以准确地按设计要求控制初期雨水量，效果好。主要缺点是当汇水面较大时需要比较大的池容积，增加了投资。

2. 切换式或小管弃流井

在雨水检查井中同时埋设连接下游雨水井和下游污水井的两根连通管，在两个连通管入口处设置简易手动闸阀或自动闸阀进行切换。可以根据流量或水质来设计切换方式，人工或自动调节弃流量。这种方法最大的问题是对随机降雨操作控制比较困难。当弃流管与污水管直接连接时，应有措施防止污水管中污水倒流入雨水管线，可采用加大两根连通管的高差等方式。由于降雨过程和径流过程均表现出初期水质差而流量小的特点，可以考虑将初期雨水弃流管设计为分支小管，初期水质差的小流量首先通过小管排走，超过小管排水能力的后期径流再进入雨水收集系统。该法的特点是自动弃流，可以减少切换带来的运行和操作的不便。但弃流量难以合理控制，尤其是在降雨强度较小而降雨量很大时可能会使弃流量加大，减少收集水量甚至收集不到雨水。该法一般适用于汇水面较大，有足够的收集水量时。

二、工程实例及效果分析

（一）试点小区初期雨水处理方案

根据《昆明市主城排水总体规划》以及《滇池北岸水环境项目建议书》的要求，需要在昆明市建立一个初期雨水处理的试点小区。经过详细的比较后，最终确定昆明市廉租住房小区为试点小区。该小区用地大体呈长方形，面积44.97亩，区内建筑为单元式多层建筑，多为七层，总建筑面积5.5万m^2，绿化率27.2%。

小区雨水的汇集分成以下三种形式：

1. 屋面初期雨水通过雨落管收集后，通过建筑物旁边的雨水渗透池渗入地下，多余的雨水接入小区雨水系统排入河道。以每栋建筑为单位建设渗透池，共建设渗透池19个，根据初期雨水量计算确定渗透池的容积为1~2m^3。

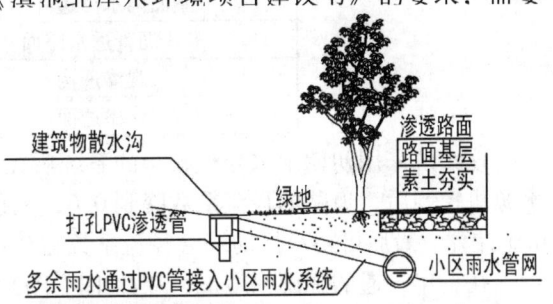

2. 小区道路上的初期雨水通过采用多孔沥青铺设路面进行渗透。表面沥青层沥青重量比为5.5%~6.0%，孔隙率为12%~16%，厚6~7cm。沥青层下设两层碎石，上层碎石粒径1.3cm，厚5cm，下层碎石粒径2.5~5cm，孔隙率为38%~40%，其厚度视所需蓄水量定，小区内14280m^2道路全部采用多孔沥青铺设。

景观渗透沟实例

3. 路面渗透不完的雨水沿着道路横坡流入道路旁的绿化带中，随即渗入地下，在降雨强度很大时，多余部分的雨水经过草地过滤后流入景观渗透沟，然后渗入地下。为了防止单点暴雨时小区内部因为渗透速度慢而淹水，在小区路面下埋设的雨水管道系统在路边设有雨水溢流口，当雨量大时，无法渗

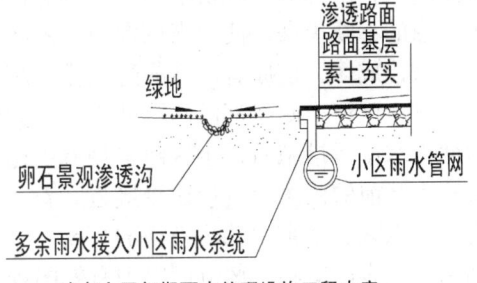

试点小区初期雨水处理设施工程内容

图1

入地下的多余雨水可通过溢流口进入雨水管网系统排入河道。具体如图1所示。

（二）地表径流计算对比分析

首先对该小区建设前的地表径流情况分析计算如下：

廉租房小区原地块面积为29665m^2，根据昆明暴雨强度公式，在未建成前雨水流量为0.21m^3/s。

如果小区建设时采用传统的雨水收集排放系统，那么在相同的降雨强度下地表径流计算如下：

采用传统雨水排放方式时：道路面积为14280m^2，其径流系数为0.9；绿化地面积为7665m^2，径流系数为0.15；房屋面积为7700m^2，径流系数为0.9；根据以上数据可得小区的综合径流系数为0.71。在一年一遇的降雨强度下，在此小区雨水流量为$0.36m^3/s$；

表1

工程内容	工程数量
屋面雨水渗透井	19个
多孔沥青透水路面	$14280m^2$
景观渗透沟	200m
绿化渗透面	若干

该小区采用初期雨水处理收集的系统后在相同的降雨强度下地表径流计算如下：初期雨水源头控制后，道路的径流系数降到0.6，屋顶的雨水进入到绿地后渗透，其径流系数按照0.5计算。最后可得小区的综合径流系数为0.4。

在一年一遇的降雨强度下，在此小区上雨水流量为$0.23m^3/s$：

表2 按一年一遇降雨强度计算的小区雨水设计流量对比

未建小区前的雨水设计流量	按传统方式建设的小区雨水设计流量	对初期雨水进行截留后的小区雨水设计流量
$0.21m^3/s$	$0.36m^3/s$	$0.23m^3/s$

（三）实施效果

通过以上计算和分析得知，采取初期雨水截留措施后的优点：1. 由于云南省处于季风气候区，降雨受季风影响，雨季和旱季分明，地区降雨量70%集中于5月份到8月份的汛期，丰水年其集中程度更高。另一方面自20世纪80年代以来，城市化进程明显加快，建成区面积不断扩大，不透水面积比已分别达0.55，0.20。加上市区下水道系统的改善，使暴雨径流量增大，洪峰流量成倍增加，汇流迅速，特别是城区边缘的不断扩展，使原来以农田为主的地区，逐渐转变为建成区，使原有河道的防洪排水困难加剧。再因现有市区河道两岸都已高楼林立，有的已改成暗涵，进一步扩大河道断面难度极大。采取初期雨水截留措施后，小区雨水径流量比采用传统方式减少了1/3左右，而且雨水径流量与未建小区前的雨水径流量比较接近，对于城市总体的防洪比较有利。2. 对初期雨水进行截流后可以减少雨水中总污染物的90%，如果推广施行后对于进入滇池的污染物可以随着初期雨水地表污染物的截流而得到有效的控制，从而减少面源污染。

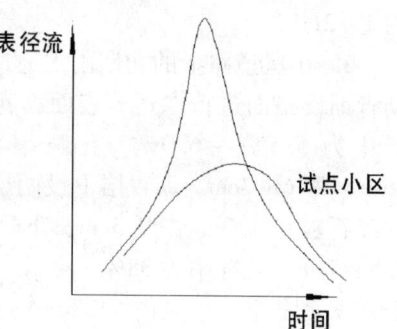

图2 采用初期雨水处理方法后的地表径流与传统方式建设小区的地表径流比较

参考文献：

[1] 李俊奇. 城市雨水利用的管理. 中国水网·专题报道，2004

[2] 车伍. 现代城市雨水利用技术体系. 济南装修集采论坛，2004

[3] 曹秀芹，孟光辉，汪宏玲. 城区屋面雨水用作中水补充水源的可行性分析. 排水委员会第四届第一次年会，2002

[4] 北京市节约用水办公室. 中水设施运行现状调查及研究资料. 1995年

[5] 台湾经济部水资源局等. 雨水储留及中水道二元供水系统（应用手册第二版），2000年

[6] 北京建筑工程学院. 北京市城区雨水利用技术研究及雨水渗透扩大试验（研究报告）. 2001年

昆明市污水资源化可行性分析

顾 玮 陈 炜

（昆明市规划设计研究院）

摘要： 通过对城市污水资源化发展历史的回顾，从昆明市水资源状况、污水资源化现状着手，在经济、技术、环境、商业运作等方面对污水资源化的可行性进行分析研究。

关键词： 城市污水　水资源　污水资源化再生利用技术保障措施

一、国内外污水资源化历史与现状回顾

21世纪是经济高速增长的时代，在经济增长的同时，城市化快速发展，城市规模不断扩大，人口不断增加，工业迅速发展，城市需水量剧增，缺水已成为世界性问题。城市缺水分为资源型、水质型、工程型、管理型四种类型，在城市中，一般容易产生资源型缺水和水质型缺水。解决城市缺水的一个办法就是开源节流，城市污水是一种水量稳定、供给可靠的潜在水资源，同时可以减轻污染、改善生态环境、解决城市缺水问题。

污水再生利用技术在国外已经相当成熟。美国从20世纪20年代就开始尝试利用经过处理的污水，美国全国城市污水再生利用总量约为$14 \times 10^8 m^3/d$，占全国用水总量的0.3%左右。日本从20世纪50年代开始污水再生利用，每年污水再生利用量达到$2 \times 10^8 m^3$，占全国总用水量的1.5%左右。国外城市污水再生利用的历史表明，发达国家的污水再生利用明显比发展中国家做得好，不同国家污水处理与再生利用进程需要与各国自身的经济基础与经济发展进程相适应。

我国的城市污水资源化大致可以分为三个阶段：1985年前的"六五"期间是起步阶段，1986~2000年的15年间是技术储备、示范工程引导阶段；2001年以"十五"纲要明确提出污水再生利用为标志，进入到全面启动阶段。目前，我国有400多个城市缺水，正常年份缺水达$60 \times 10^8 m^3$，预计2030年缺水量将达到$400 \sim 500 \times 10^8 m^3/d$，而目前我国城市污水排放量为大约$414 \times 10^8 m^3/d$，城市污水处理率和二级处理率约为30%和15%，污水再生利用率则更低。根据"十五"计划纲要的要求，2005年我国城市污水集中处理率达到45%，污水再生利用率达到20%。那么"十五"末期污水再生利用量将达到$40 \times 10^8 m^3/d$，可解决我国城市缺水量的一半以上。

目前国内污水资源化实施存在着一些问题，首先是城市污水的再生利用尚未引起社会各界的足够重视，对水资源短缺的严重性缺乏正确估计，对于开发非传统水资源的必要性缺乏认识，缺乏相应的产业、技术、经济政策来提供强有力的引导与支持，投资缺乏必要的法规及相应的鼓励政策，以及管理体制也需要改革完善，其次是污水处理设施投资和经营的市场化程度低，融资渠道不畅，缺乏相应的水质标准、工程设计规范和安全评价体系以提供系统

化的技术指导和规范化的技术质量保障。第三是缺乏足够的污水再生利用技术与设备的工程研究力度，对于经济适用技术的研究开发还缺乏足够的支持与推广。另外，我国城市污水的处理率还很低，如果城市污水没有收集起来，没有处理干净，就谈不上回收利用。

二、昆明市水资源状况和污水资源化开展现状

昆明市是我国 14 个水资源严重短缺的城市之一，年人均水资源拥有量为 302m³，为全省人均水资源量的 1/20，全国人均水资源量的 1/8，低于缺水严重的"津、京、唐"地区，是资源型和水质型缺水城市。昆明市区的水资源主要为滇池流域，由松华坝水库、滇池及盘龙江等组成。由于城市扩大、经济发展，人为污染越来越严重，加上管理体制不当、执法不严、治理费用跟不上，使滇池有限的水资源逐年遭污染，从 20 世纪 80 年代末期的 III 类水体逐渐变成劣 V 类水体，丧失了作为供水水源的使用功能。为解决水资源问题，昆明市于 1997 年开始着手实施掌鸠河引水供水工程，投入巨资通过跨流域调水来解决水资源短缺的问题。从水资源现状看，滇池流域的水资源已没有开发利用空间，按照城市发展规划设想，2010 年和 2020 年，人口数将达到 325 万，500 万人，按规划用水水平 375 升/日·人测算，2010 年和 2020 年用水量为 4.45 亿、6.84 亿 m³，目前的供水能力仅 2.8 亿 m³，2006 年掌鸠河引水供水工程竣工后，可新增城市供水量 2.2 亿 m³，但供水缺口仍很大，并且滇池流域水资源开发利用程度已达到极限，无大的潜力可挖，如不开辟新水源，缺水问题将变得愈来愈严重。

昆明市城市污水再生利用的历史较短。1998 年首次以昆明医学院为试点，将学生淋浴排出的污水收集处理后用于学生宿舍卫生间冲洗、绿化草坪浇灌，既节约了用水又减少了排放，取得了较好的效益，该工程的实施，推动了昆明市污水再生利用的发展。目前昆明已建成回用水处理站 55 座，分布在住宅小区、公交洗车场、市政绿化设施、烟草行业、大专院校等。18 座在建项目，还有数十个建设项目已在进行工程技术方案论证，准备建设回用水处理设施。目前昆明市回用水及污水处理回用能力已达 500 万 m³/年，昆明市的回用水工程建设规模和回用水处理能力以及实际的回用量已在中国南方地区处于领先水平。

三、昆明市污水再生利用可行性分析

（一）污水再生利用的经济可行性

1. 污水资源商品化及污水再生利用的经济基础

长期以来，污水的排放和处理被看做是一种社会负担和政府义务，这是因为污水不能给社会创造价值，反而需要社会为其花费巨资进行处理。随着经济的不断发展，污水作为资源的隐含价值日益凸现，由于淡水资源匮乏，自来水价格逐步向其本身的商品价值靠拢，同时，污水潜在的资源利用价值也逐步体现出来。如果我们把城市污水进行收集并进行处理，再生出来的洁净水达到一定的规模后就成为一种新的水资源。这种水资源具有与其水质相应的使用价值，而其价格低于自来水，可以稳定、连续、大量的供给，在此时引入"污水再生利用"就有了必然的经济基础。

2. 昆明市的水价现状和发展趋势

（1）水价现状

松华坝、柴河、大河水库的原水价格为 0.43 元/m³，掌鸠河引水工程原水价格为 1.57

元/m³；城市供水价格为 3.14 元/m³，污水处理平均价为 0.8 元/m³。

分类水价为：生活用水 3.2 元/m³，行政事业用水 4.5 元/m³，工业用水为 5 元/m³，经营服务用水为 5.5 元/m³，特种行业用水为 15 元/m³。

（2）水价发展趋势

水资源供求矛盾日益突出，而形成水价的机制不合理，加剧了水资源的严峻形势。如何通过水价杠杆调节水资源的供求关系，运用价格手段调节各方面的经济利益关系，促进水资源合理利用，保障经济社会的可持续发展，成为水价改革的主要目的。扩大水资源费征收范围，合理调整城市供水、水利工程供水价格，加大污水处理费征收力度，推进阶梯式计量水价、农业用水终端水价、超定额用水加价制度。

继"发改委"和"水利部"联合发布的《水利工程供水价格管理办法》于 2004 年 1 月 1 日施行以来，国务院办公厅又印发了《关于推进水价改革促进节约用水保护水资源的通知》。《通知》详细规定："省辖市以上城市 2006 年前按规划建成相应规模的污水处理厂并投入运营。通过这些改革，建立以节约用水为核心的合理的水价形成机制。" 2004 年 1 月实施新的《水利工程供水价格管理办法》，首次将水利工程供水价格纳入商品管理范畴，改变了长期以来水利工程水费作为行政事业性收费进行管理的模式。由于提高了水资源和征收污水处理费，我国各地的水价出现不同幅度的上涨趋势。昆明市人民政府于 2004 年 2 月 25 日下发了 48 号文件：《关于〈昆明市城市回用水设施建设管理办法〉的通知》，要求自 2004 年 5 月 1 日起施行。

目前的水价由四部分组成，即水资源价格、水利工程供水价格、城市供水价格、污水处理价格。水价总体的趋势是持续上涨，水资源费将逐步提高，而在缺水城市由于远距离甚至跨流域调水，将进一步抬高水价，而污水费涨得会更快，据测算，污水处理的费用每年增长将近 20%。国家环保总局副局长汪纪戎日前指出，中国水价在未来一两年每立方米将由目前的平均 2.9 元升至 5 元。

（二）污水再生利用的环境可行性

对于缺水的城市而言，污水通过一定的水处理，其水质完全能够满足人类日常生活对低质水的要求，同时降低了人们使用水的经济成本。在城市中，污水的回用水量通过合理的规划设计能够达到可观的规模，完全可以满足城市对水资源的规模需求。

污水再生利用技术就是把集中的污水处理厂分散开来，把城市大型污水处理厂分散布置于各个生活小区、生产厂区、公共场所之中，这样的做法可以把大量的污水在其产生地直接进行处理，不必排入城市污水管网，这样的做法如果达到一定的规模的话，可以降低城市污水管网的负荷，也就可以大幅减少城市管网的投资。这种方式对于城市尤其是大型城市来说具有很高的经济价值，对于工业企业来说也可使其降低成本。

污水再生利用减少了排入城市污水管网的废水量，减少了各类生化污染物的排放，最终减少了污水对自然环境的污染。根据测算，处理回用污水达到 2 万 m³/日，占昆明市日污水排放量的 5%，则每天可减少排放 $BOD_5$4 吨，$CODcr$7 吨，SS6 吨，NH_3-N0.7 吨，按年计算每年可减少排放生化污染物合计 6570 吨。同时，按照回用水价格 2.00 元/吨计算，污水再生利用每天可以创造 4 万元的经济价值，按年合计 1400 万元的直接经济价值，而且使用回用水的用户因此将节约水费 876 万元（按昆明市自来水价为 3.20 元/吨）。可以说，推广污水再生利用技术并大量的使用回用水可以创造巨大的环境效益、社会效益和经济效益，是国家、企业、社会、环境各方共赢的和谐之道。

（三）污水再生利用的技术可行性

在处理的技术路线上，城市污水再生利用处理则以综合利用为目的，根据不同用途，将城市污水净化到满足相应的再生利用水质要求。因此，需要在传统的城市污水处理技术的基础上将各种技术上可行、经济上合理的水处理技术进行综合、集成，达到污水资源化的目标。城市污水再生利用处理技术促使工艺流程的升级换代、优化组合，为实现再生利用目标服务。污水再生利用处理技术的特点体现在以下几个方面：

1. 深度处理技术的应用

为了提供高质量的再生水，需对二级或二级强化处理后的城市污水进行深度处理，去除城市污水处理厂出水中剩余的污染成分，以达到再生利用水水质要求。这些污染物主要是氮、磷、胶体、细菌、病毒、微量有机物、重金属、溶解性矿物等。而应根据再生利用水处理的特殊要求采用相应的深度处理技术。深度处理基本单元技术有混凝沉淀（气浮）、化学除磷、过滤、消毒等。对再生利用水质要求更高时采用的深度处理单元技术有活性炭吸附、臭氧—活性炭、生物炭、脱氮、离子交换、微滤、超滤、纳滤、反渗透、臭氧氧化等。

2. 处理技术的组合与集成

城市污水再生处理工艺应根据处理规模、再生水水源水质、再生水用途及当地的实际情况和要求，经全面技术经济比较，将各单元处理技术组合集成为合理可行的工艺流程。在处理技术的组合集成中衡量的主要技术经济指标有再生处理单位水量投资、电耗和制水成本、占地面积、运行可靠性、管理维护难易程度、总体经济效益和社会效益等。单元处理技术的组合集成是今后一段时间城市污水再生利用处理技术研究、实践和发展的重点之一。

3. 新技术、新工艺的开发

发达国家污水的再生利用已普遍采用深度处理技术，运行控制技术趋向自动化，但这些工艺与设备从投资到运行费用普遍较高，运行控制复杂，对于我国这样的发展中国家，现阶段缺乏使用的经济基础。因此，研发适合国情的城市污水处理和再生利用技术是十分重要和迫切的，在保证达到水质要求的前提下，新技术应以高效、低耗、低成本为目标，根据需要开发一批能满足各类再生利用要求，净化效果好，建设和运行费用低，管理相对较简单的处理新技术、新工艺。

目前，国内污水再生利用处理工艺已经逐步成熟，主体工艺以下列三种为主：

（1）接触氧化法：格栅+调节池+接触氧化法（生物滤池）+（沉淀）过滤+炭滤+消毒

（2）二阶段接触氧化法：格栅+调节池+二阶段接触氧化法（生物滤池）+（沉淀）过滤+炭滤+消毒

（3）MBR膜生物反应器：格栅+调节池+膜分离、曝气池+消毒

四、污水再生利用的商业化运作

1. 昆明市污水再生利用存在的问题及原因分析

2005年底昆明市"节水办"会同昆明市市政公用局供水公交处、市政公用监察大队检查主城规划区内128个在建工程项目，结果显示：在符合建设回用水设施条件的51个建设项目中，有65%已同时或者正在进行回用水设施等节水建设，没有与主体工程同期进行回用水设施建设方案设计和建设的项目占到35%。同时，已经建成的回用水处理设施处于正常运转发挥作用的也只占总数的30%，其余的回用水设施处于无人管理、闲置不动的状态。

造成目前这种状况的主要原因是：

（1）现在的回用水设施是由各家开发商或单位自己负责建设，而各家开发商大部分在竣工交付使用后并不管理物业，而是由物业公司来负责日常管理，因此造成回用水设施的建、管分离。

（2）现在的回用水设施主要是由各个小区的物业管理公司或单位自己负责，但是他们本身并不具备相应的技术能力和管理体系，不可能保证回用水设施按照国家规范和技术要求正常运转，当出现技术问题时根本无法处理。回用水设施的运转管理是一件技术性很强的工作，一定要有专业的技术能力和长期稳定的管理队伍才可能保证其发挥应有的作用。

（3）现在的回用水市场管理主要是以"节水办"为唯一主导机构的行政管理模式，在此模式下，昆明市已初步形成了一个回用水的水务市场的雏形，具备了向规模化、集约化发展的可能性，但是现在的模式有一个问题需要特别注意，由于前面所说的建、管分离的问题，造成了"节水办"在市场管理中缺乏针对性，很多情况下找不到回用水设施的负责人，而"节水办"是行政管理机构，本身不可能去完成回用水设施的日常运作管理工作，因此，市场中存在一个脱节的问题，这个问题不解决，回用水市场就不可能真正运转起来，回用水设施也不可能真正发挥它应有的作用。

2. 昆明市污水回用商业运作模式

针对上述问题，可以采用"回用水综合运营商"模式，"回用水综合运营商"是联系市场和"节水办"的纽带，是具体负责回用水市场全面工作的法人主体，有了"回用水综合运营商"后，"节水办"只要通过管理运营商就可以管住整个回用水市场，"回用水综合运营商"是一个实体，它具有高度专业的技术能力，并且有一支熟练稳定的回用水管理队伍，具体执行《条例》的要求，收取适当的水费，对"节水办"负责。这样的话，《条例》有了具体的执行主体，"节水办"有了明确的管理对象。可以说，现行的行政管理模式辅之以"回用水综合运营商"的配合，昆明市回用水市场将大有可为。具体办法是：

（1）组建具有独立法人资格的水务公司开展污水再生利用项目，按照市场经济的方法进行运作。

（2）水务公司可以由相关性质的企业全资控股，同时引入国内外资金成立合资公司，利用国家给予外资的优惠条件开展业务。

（3）水务公司要成为一个"水务投资运营商"，具有立项、投资、设计、建造、管理的综合功能。跳出单纯做设计、单纯做工程的传统模式。

（4）水务公司要和发达地区的大型公司建立合作关系，引入技术，水务公司可以选择1~2家设备供应商建立长期合作关系，可用其设备作价入股，也可使用融资性租赁的方法提供设备。

（5）向政府申请回用水运营的特许经营权。

3. 投融资

（1）作为一个运营商，投资一部分来自自有资金，更多资金要依靠市场，具体方法有：按照《条例》的要求，开发商和各个单位必须投入的回用水设施建设资金，此外，还可以以回用水的营运收入作为担保申请银行贷款，申请海外的环保基金，申请昆明市节水办的节水资金，申请政府的专项补贴。

（2）营运方式也可采用BOT模式，即：投资—收费—转让。将所持有的回用水业务出售获利。

五、回用水市场商业化运作的管理模式

1. 政府主导，依法治水：以《条例》为管理依据，依法管理，依法治水。"节水办"是回用水市场的政府主管机构，对回用水市场进行行政管理，并依法制定回用水市场的具体操作规程。

2. 市场化运作：在"节水办"的行政管理框架下按照市场化的规律运作回用水市场，明确各方的责、权、利，确保回用水设施既能产生环境效益又能产生经济效益。

3. 集约化经营：在市场化运作回用水市场中更应该做到集约化经营，即，回用水市场最终应该集中到1~2家综合性运营商，由其负责回用水市场的建造、日常管理、运营收费。"节水办"只要管理好这几家运营商就可以管理好整个市场。

4. 建议：应当改变现在由各家开发商和单位自行招标建设回用水设施的模式，拟由"节水办"统一管理，并委托各运营商代建，真正做到统一建设、集中管理、节约成本，确实发挥回用水设施在治理滇池污染、保护环境以及建设节约型城市中的应有作用。

从昆明污水处理谈建立完善中水回用系统

陈 湛

（昆明市规划设计研究院）

摘要： 本文从昆明污水处理、利用情况着手，分析中水回用的必要性、可行性，并提出建立完善中水回用系统的初步规划建议。

关键词： 中水回用　可行性　规划建议

"中水"，主要指城市污水或生活污水经处理后达到一定的水质标准、可在一定范围内重复使用的非饮用的杂用水，其水质介于自来水和污水之间。在污水处理工程方面称为"中水"，工厂方面称为"循环水"或"回用水"，中水是水资源有效利用的一种形式。

水是人们生活和社会生产必需的基本资源之一，水资源状况直接影响社会经济发展和人民生活水平的提高。随着经济发展，人口的增长和人们物质文化生活水平的提高，世界各地对水的需求日益增长，水资源匮乏已成为许多国家的突出问题。前联合国秘书长德奎利亚尔曾讲道："过去人类最可怕的是战争，未来人类最可怕的是水资源的紧缺。"目前已有四十多个国家和地区缺水，水资源的缺乏已成为当今世界各国发展社会经济的制约因素，已引起普遍关注，特别是缺水国家正在寻求解决水资源问题。

昆明市是一个严重缺水的西部城市，人均水资源占有量不足 300m³，还远远未达到联合国对人均水资源占有的最小指标（500m³/人）。目前，昆明市日供水量已达 70 多万吨，根据《昆明城市排水专业规划》研究成果，至 2030 年，昆明主城供水规模预测为 140 万吨/日。届时，将产生 120.16 万吨/日的污水。这些污水经过规划的七个污水处理厂进行处理后，变成"中水"，目前中水均不同程度地排入了相应水体中，利用率相当低。

结合昆明城市缺水的情况，有计划地建立中水回用系统迫在眉睫，本文从昆明城市污水回用现状、回用规划入手，从理论上探讨建立完善污水回用系统的必要性并提出可操作的实施建议。

一、昆明城市中水回用现状

昆明城市目前建有六座污水处理厂，日处理能力为 55.5 万吨/日，污水处理后按照目前现行的就近排放的原则，部分排入就近的河道，部分用于附近景观水体的补给。例如第一污水处理厂：船房河旱季的补给水源、采莲河清水回补。8 万吨/日补给采莲河景观用水，4 万吨/日排入船房河，与船房河污水又再次混合。第二污水处理厂：盘龙江、明通河、大清河的冲洗水。10 万吨/日就近排入明通河中。第三污水处理厂：大观公园、大观河、老运粮河旱季的补给水。15 万吨/日。第四污水处理厂：盘龙江、翠湖的补给水。6 万吨/日。其中，1 万吨/日供翠湖公园景观用水，5 万吨/日排入盘龙江中。第五污水处理厂：7.5 万吨/日排入盘龙江。第六污水处理厂：5万吨/日先排入新宝象河，后流入滇池外海。可以看出，当前城市所有污水处理厂的日处理量一是偏小，二是中水仅仅大量用于河道的冲洗和顺河道的排放，只有少量用于附近景观水体的补给，基本没有用于生产、生活之中，造成一定程度水资源的浪费。

二、污水回用存在的问题

1. 缺乏对污水再生利用的系统规划

目前尚未建立城市污水再生利用规划指标体系。在城市建设总体规划中，虽然进行了城市的供水及排水规划，但在水资源的综合利用方面缺乏统一的规划，尤其是城市污水再生利用规划。

2. 城市污水收集与处理设施建设严重滞后

城市污水的收集与处理是城市污水再生利用的重要前提条件，目前的城市污水管网建设严重滞后于城市发展，二级生物处理率不到35%。因此，强化城市污水管网与污水处理工程设施的建设是推动城市中水回用的关键。

3. 对建立中水回用系统的认识不足

目前，地方政府对污水再生利用的认识不够，在缺水时优先考虑的是调水，而且绝大多数城市污水处理厂的规划、设计与建设目标只是达标排放，往往没有考虑污水的大规模再生利用。

4. 城市污水再生利用技术相对落后

城市污水再生利用事业的发展必须依靠科技进步，从始至终都要有新技术、高技术的保证和支持。目前我国城市污水再生利用技术和设备的开发难以满足快速增长的再生利用工程建设和运行管理的需求，现状是设备相对落后，污水处理效益差。

5. 相关法规和政策不够完善

城市中水回用需要健全的法制保障和全面的统一管理。而昆明市中水回用的法规和政策还需要完善。例如：应规定要求新建居住区和集中公共建筑区在编制各项市政专业规划时，必须同时编制中水回用规划，中水回用工程应与其他工程同步设计、同步施工、同步验收；在城市道路的市政管线中，必须预留中水回用管道的位置，有条件的路段应预埋中水管；要求在城市各项用水中能够使用中水的（如绿化、道路浇洒）必须使用中水；制订鼓励城市中水回用工程建设与运营的管理政策和经济政策，采取行之有效的鼓励政策和行政管理手段，促进工、农业生产部门和市政用水部门积极使用中水。在中水回用工程的可行性研究、立项、设计、建设或改造中，要建立相应的规范的中水水质标准，改革管理体制和服务体系。另外，在卫生安全、生产过程、产品质量等方面，应有相应的法规来保障每一个中水使用单位享有免受不良影响的基本权益。才能促使这些部门和单位为节约水资源而设置中水回用系统。

6. 水价制约

长期以来，由于自来水水价偏低，而质量相对较差的中水则净化成本较高、价格也比自来水高，造成工厂企业宁可使用物美价廉的自来水而不愿意使用中水，导致中水无人问津的尴尬局面。另外，城市污水处理厂因没有效益而加重了地方的财政负担。

三、污水回用的可行性和必要性

（一）可行性

城市污水集中处理，使城市污水最终排入水体时符合污染物排放标准，以避免造成水污染。也就是说，目前城市污水集中处理只是把污水净化后，白白排放掉，只保证了水资源的质，而对水资源的量无所作为。如果在城市污水处理厂建设的同时就考虑配套污水回用装置，则一举两得：对城市污水在原有处理工艺上，进行深度处理，使其转化为符合一定水质标准的中水，这对回用于对水质要求不高、需求量又大的行业，既可以大量节约洁净水资源，还可以控制排污口，减少排入自然水体的污染物，防治水污染。这对缓解城市水资源紧缺、减轻城市水污染都有显著功效。发达国家在这方面有成功的经验，如日本东京的"21世纪城市污水工程"被称为城市污水大循环；以色列的法律明确规定："废水若未用尽，不可采用海水淡化。"

而且，在城市污水处理厂增设中水回用系统，从技术上说比较成熟，且投资不大。在污水处理厂增设中水回用系统，主要是新建一个净水间，总投资约需2千万元。而新建一个供水量4万吨/日的净水厂，总投资约需6千万元左右，此外，还需增设进水井、格栅间、提升泵房和送水泵房、变电所、维修间等，而且，还必须有水库与其配套。从投资情况看，污水处理厂增设中水回用系统仅占新建净水厂投资的30%左右，同时还可节省一个投资近亿元的5千万立方米的水库。发达国家的成功经验表明，在城市污水处理厂增设中水回用系统是最为可行、有效的互益工程。

（二）必要性

在污水处理厂增设中水回用系统，不仅在环境效益方面，而且在社会效益、经济效益方面都具有现实和长远意义。其必要性表现为：

1. 中水回用使污水资源化，可以改变城市供水短缺的局面。污水处理厂生产的回用水虽不能饮用，但可以替代自来水作为工业循环冷却水、冲刷水、漂洗水，也可以作为生活杂用水冲厕、绿化、洗车等。从而改变城市水资源短缺的局面，缓解城市用水的供需矛盾，达到污水资源化。

2. 中水回用有助于污水处理厂的正常运行，可促使污水处理尽快走向市场。目前城市污水处理率极低，污水处理厂的建设严重滞后。这主要是由于投、融资方式不合理，资金投入不够等因素造成的。传统的观念认为建设城市污水处理厂是政府的主要职责，政府除承担高额的基建费用外，还需承担污水处理厂每年的运行费用。而就污水处理厂企业本身来讲，并没有经济效益，政府是建一个，赔一个。这给政府带来了沉重的经济负担，使得政府对污水处理厂建设的积极性不高。由于污水处理厂在资金方面对政府的完全依赖性，在一些地方财政状况不景气的情况下，污水处理厂就处于半运行甚至停产状态。随着污水处理产业化、市场化的提倡和逐渐推行，污水处理厂的投、融资方式将发生重大改变。除鼓励、吸收各种经济成分积极参与城市污水处理设施建设外，还将根据"谁污染、谁治理"的原则，及《中华人民共和国水污染防治法》第19条第3款"收取污水处理费用，以保证污水集中处理设施的正常运行"的规定，进一步加大污水处理费用的征收力度，以保证污水处理厂的运行费用。但基于我国的基本国情，污水处理费用的征收标准太低，光靠污水处理费远远不能满足污水处理厂的运转，还是避免不了大量的财政补贴。但如果在城市污水处理厂增设中水回用系统，把中水使用费作为污水处理厂运行费用的另一来源，污水处理厂因资金不到位而不能正常运转的问题则迎刃而解。同时还减轻了政府的负担，也减少了政府的干预，促使污水处理厂加快市场化的步伐。我们不妨看看省外成功的范例，辽源市污水处理厂全年的运行费用3650万元，每年可收取的污水处理费为1785万元，余下的1865万元就得靠财政补贴。但由于在污水处理厂增设了中水回用系统，每年中水回用费用可达1898万元。这样，除保证污水处理厂正常运行外，还可盈利33万元。

3. 中水回用可以减少使用中水企业的水费支出，降低产品成本。用水量大、工业用水价格高这一因素，使一些企业的产品成本升高，成本高必然会影响企业的市场竞争力。如果用水企业改用中水，可使其成本大大降低，势必提高其产品的竞争力。这对促进工业经济的发展起到了积极作用。

4. 中水回用，可以增强人们节约水资源的意识，减轻居民的用水负担。在居民的日常生活中，提倡、要求使用中水，可以提醒人们转变那种认为水资源是人人可以随意享用，取之不尽、用之不竭的资源的错误观念。并不断提高人们的节约意识和资源意识，改变人们的用水行为。另外，水费的适当上涨、生活污水处理费的征收都势在必行，低价中水的使用，必然会减轻居民在这方面的费用负担。

所以说，在污水处理厂增设中水回用系统，使污水资源化，是保证城市水资源的质与量的有效途径和手段。只有在城市污水处理厂增设中水回用系统，使中水供应和污水排放一体循环、互相补充，才能真正有效地防治水污染，节约水资源，实现城市水资源可持续利用。

四、中水回用实例

美国的中水回用开始时间早，回用效益高。早在1950年，美国污水研究者俱乐部就利用模型进行了污水深度处理试验研究，1965年将其成果用于加利福尼亚的南塔湖污水处理厂，处理能力已经达到28400m^3/d。目前，美国城市污水回用量达$260 \times 10^4 m^3/d$，其中62%的再生水用于农业灌溉，30%用于工业，其余用于城市设施和地下水回灌。经典的工程范例：马里兰州巴尔的摩市的伯利恒钢铁厂将处理后的城市污水作为冷却水，回用水量达$1.48 \times 10^8 m^3/a$，自1942年建成以来一直稳定运行，说明城市污水回用于工业是稳定可靠的；加州橘子县的海水入侵屏障工程将城市污水经过二级处理后，再经化学净化、氨解析、混合滤料过滤、活性炭过滤、氯化、反渗透等处理后注入地下水层，这表明人工控制海水入侵是可行的，而且城市污水经过多级处理后可达到饮用水水质标准；佛罗里达州圣彼得堡的城市污水通过净化进入双管布水系统，供住宅、办公楼的消防用水和空调冷却水以及绿化用水。

昆明市仅有一家小区建有中水回用工程。百大国际花园是昆明市唯一使用中水回收利用工程的小区。小区里共1000户住户排出的污水通过集中治理，就地回用，成为绿化和清洁环境的水源。这项工程每天能处理250吨的污水，通过中水回用，社区里的用水量最大可节省一半，最低也能节省30%。据了解，昆明市现有楼盘近100个，有位记者算了一下，如果在每个楼盘都建中水处理站的话，每天可以处理近25000吨的污水，以90%的回用率来算，每天就有22500吨的中水可以回用，占了昆明市日供水量的3.2%。

这样看来，污水回用工程不仅能够节约用水，而且还能带来一定的社会效益与经济效益。但是许多的开发商看到的只是自己现实的成本，而不愿把资金投入到污水回用工程上。作为一项具有远期效益的工程，要使污水回收在小区推广，需要考虑的是，是否应该成为一种开发建设项目中的强制措施。

五、污水回用系统建立模式的探讨

城市中水回用既可减少污染又能缓解城市供水的紧张状况,是一项很有意义的工作。然而,由于在建设资金、管理体制、人们传统观念、政策法规等方面存在的一些问题,使中水回用系统建设工作没有得到推广。笔者认为,建立完善昆明市中水回用系统主要有如下方面:

1. 把中水回用列入各片区的城市水资源综合利用规划中,进行水资源的统一管理和调配。

2. 解决城市污水处理及中水处理的建设资金,加快城市污水处理厂的建设,在此基础上进行中水的深度处理。可将中水回用引入市场机制,鼓励和吸引社会资金及外资投入中水回用系统的事业中。

3. 要对中水回用系统实行行政管理和部门行业管理,尽快完善中水回用的标准及相关的法规体系。

4. 采取政策倾斜,鼓励企业使用中水。

5. 积极开展污水再用的宣传教育,改变人们传统的用水观念,逐渐树立对中水回用的科学认识。

6. 根据地方特点,因地制宜合理开发和利用中水,推进城市中水回用制度的建立。

总之,对解决昆明市这样一个水污染较为严重和缺水的问题,中水回用系统有着不可估量的作用和广阔的前景。同时,这是一项系统工程,必然会牵涉到很多领域,只有引起领导的高度重视,相关部门加强深入的研究和探索实践,相信可以作出可喜的成果。

六、完善污水回用系统的政策措施建议

1. 城市中水回用系统应纳入城市总体规划以及城市水资源合理分配与开发利用计划,在综合平衡、科学论证的基础上,针对城市实际情况进行总体规划,确定其应有的位置和作用。在中水水质、使用用途、处理程度、处理流程、输水方式的选择上,要综合平衡、远近结合,既要满足功能要求和用水水质需求,又要因地制宜、经济合理。

2. 城市污水处理厂的建设,既要满足区域水污染控制要求与相应的排放标准,也要考虑城市污水的再生利用需求。可以通过开展城市污水再生利用工作来促进污水收集与处理工程的建设与完善。

3. 城市污水再生利用的技术发展应着重于已有技术的集成化、综合整合、产业化和工程化。需要对已有技术不断改进和更新,加强新工艺、新流程、新技术和设备产品的研究、开发和推广应用,并注重示范性工程的研究和建设。通过工程化和生产性测试,着重解决城市污水再生利用于农业、生态、市政和工业中的水质净化技术、水质稳定技术、水质保障技术、安全用水技术、工程技术、运行管理技术和成套技术设备问题。

4. 国家及城市有关管理部门要积极推动现行水价政策的改革,建立合理的用水价格体系以及污水处理与再生利用价格体系。要实行"按(水)质定价",将各种水源的供水价格差距拉开,尤其是中水与自来水之间应有较大的价差,使水资源的利用趋向结构合理。

缓解路口拥堵应着眼于信号灯的加密和加强

李少宇

(昆明市规划设计研究院)

摘要： 本文从昆明现状交通情况及交通设施着手，分析昆明城市交通系统存在的问题。从而提出解决现状拥堵的交通，必须从建立完善的交通系统入手，加密和加强信号灯的建设的观点。并从理论上提出合理的建议。

关键词： 交通拥堵 "流量宜疏不宜堵，矛盾宜散不宜聚" 绿波

大人们每天上班，小孩们每天上学，大家都忙着赶时间，唯恐迟到了。每当我们经过街头十字路口时，总会产生一种想法：遇上绿灯就好了！但是往往事与愿违，只好耐心等待。这时，很多人脑子里自然会认为：这信号灯多了，路才不通畅，为什么不多设中心护栏，多建立交桥呢？这私家车也越来越多了，政府为什么不加限制呢？

事实上，少设信号灯，多设中心护栏，甚至多建立交桥，非但不能缓解交通拥堵，反而更加严重。

设置中心护栏是改善行人过街秩序，但代价是容易造成拥堵，原因有二：一是设置中心护栏后，路侧出车无法左转，只能右转去路口掉头，须占用路口车道，客观上减少路口通行能力。二是设置后，行车阻力减少，路段车速提高，加速了路口的流量积累速度，加大了路口压力。而减少信号灯数量，势必加大信号灯路口间距，使路段生成与路口积累的交通流量数目激增，结果就是拥堵。"流量宜疏不宜堵，矛盾宜散不宜聚。"通过加密信号灯，均分交通压力来解决拥堵的问题，信号灯多了，路网内驾驶员停车等的机会也多了，交通延误就要增加，但这决不是绝对的，因为让驾驶员停车的是信号红灯并非信号绿灯。而当前信号绿波协调控制技术也相当成熟，但形成信号绿波的路网条件是信号绿灯口间距不宜过大，一般100m～300m 间应为宜，否则会造成路段车流离散，路口车流积累过多，一次绿灯放不空的现象，致使信号绿波失效。立交桥一般用于高速公路，快速干道等高等级道路上，在市区路网中不提倡修建立交桥，否则会因加大信号灯的间距而导致交通拥堵的扩散和交通压力的转移。怎样使路口疏而不堵呢？

一、随着现代化程度的提高，信号控制路口正在向多相位发展

目前，我国多数信号控制路口用的是"两相控制"，即一个信号周期内只有两个信号相位方案，东西绿则南北红，反之，东西红则南北绿。容易引起拥堵。

一般把在一种信号灯色的条件下，允许通行的流向组合称为"相位"，而国外把允许通行的流向叫"相位"，把允许通行的流向组合称为"状态"或"阶段"，国外这种划分方法有利进行"多相位"控制，因为它可以对相同流向中的某种交通流提前或延误放行，也可

以对它提前或延迟"截断",使之在绿灯时间内更合理有效地利用路口空间,它不仅解决了路口"通行权"问题,而且也解决了"先行权"问题,使信号控制更符合"路权"概念,这是交通现代化发展的产物,就我国现行"两相制"信号控制的标准十字路口来看,其国内"冲突点"分布如(图1)。

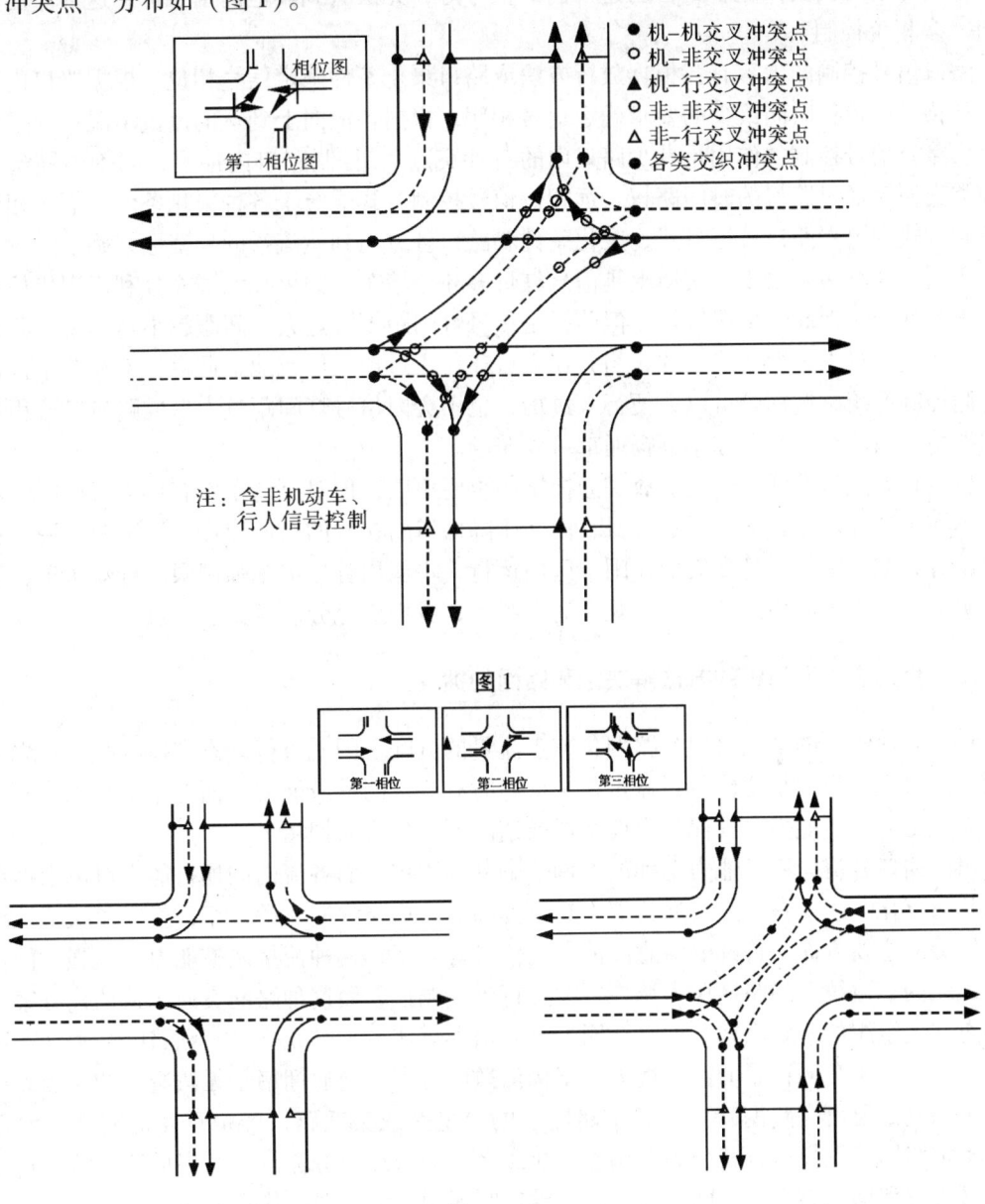

图2 三相制信号控制十字路口冲突点分布图

由图1可以看出,采用信号控制,可以有效地减少各类"冲突点"个数,并且"相位"设置越多,"冲突点"数就减少,控制起来也就越容易。图2是单设左转"相位"、"冲突点"分布图,由图可以看出,增设左转相位后,每一相中只有12个交叉点和8个交织点,并且交叉冲突点的位置集中,容易控制,交通组织非常简单,为搞好路口秩序管理打下基础。可以说"多相位控制"为路口内不同的交通流分离创造了有利的条件。

但是应注意,实行"多相位控制",不能无原则地增加控制相位,因为要增加一个相位，就会在信号配时上带来相应的绿灯损失时间，同时也会造成信号周期的延长。由于我国绝大多数驾驶员熟悉"两相制信号"，已养成遵守"两相制信号"的经验、行为方式，对改为"多相制"，可能会有一个适应过程，因此在交通信号灯的装置使用上，必须做出一定的改进，使每个驾驶员只能看到自己这一向的信号灯，无法看到其他向信号灯，这样才能真正做到"多相位控制"。

路口信号控制的内容有：根据放行方法或路口渠化条件确定信号相位，根据路口内冲突情况和路口内控行时间最少的要求确定信号相序，根据各流向上到达的流量情况，确定信号配时。路口信号控制的作用是减少路口内的"冲突点"，控制路口内冲突，明确不同流向不同种类交通流通过路口的时间路权，远相位信号控制方式适合于各种渠化条件，而多相位信号控制方式则要看路口放行方式、渠化条件和路口各方向到达流量的均衡性来确定。

所谓信号灯多会堵车，实质上是信号红灯多才会堵车。如果我们能充分利用现代信号协调技术，就会多遇绿灯少遇红灯，但前提是信号灯间距不宜过大，间距越小越容易协调，而这恰恰是我们行人过街所追求的，与其花大钱建行人过街天桥或地下通道，不如花小钱建信号协调控制系统，这样既可以方便行人过街，也不会因信号灯间距过大形成路口车流积累造成的拥堵，因此行人安全和车辆畅通都可以兼顾。

虽然私人汽车发展过快是造成交通拥堵的重要原因，但对机动车保有量进行控制的着眼点，不在于减少机动车保有量的数目，而在于降低道路在线的交通流量。以昆明来说，私人车远没有大城市密集，且多集中在闹市区内运行，不能用管理措施强制限制群众买车，而应该正确引导车主不滥用汽车，在宏观交通组织中，我们应充分注意到这一点。

二、用动态交通组织的方法解决饱和路网的拥堵

动态交通组织的重点组织是路网各节点流量的分配。因此进行动态交通组织，首先是交通信号的组织，目的是使信号对流量在中低峰时有一定的适应能力，而在流量高峰时对交通流量有一定的调控能力，来保证重要区域或道路不发生交通拥堵。

由于路口各流向通行能力总和的可调范围基本固定，而各流向的通行能力可以根据绿灯时间相对变化，因此在该路口通行能力难以提高时，适当限制上游来车，就成了缓解该路口交通压力的主要方面，特别要注意路网上的信号灯越多，这种流量调控能力就越强，但信号灯必须联网，按统一的路网压力调控方案进行流量调控，而这种路网交通压力调控方案，就是动态交通组织的重要内容。如果路网上没有信号灯或者全是立交桥，则路网失去动态流量调控能力，由于车辆积累的速度远大于车辆消散的速度，交通拥堵是无法避免的，因此动态交通组织就是要研究路网特点，确定路网上的过境路或集散路，确定重要道路和一般性道路，确定路网节点性质将其分为作用点、泄载点、截流点、分流点，并根据这些节点特点制定信号方案和信息方案，共同实施，这是动态交通组织的主要工作思路。

平时我们把路口看成"单点"，所谓"单点"不能理解成单独的点，因为在网络中与其他节点相关，应理解成网络节点。"单点"是构成网络的基本单元，也是进行动态交通组织流量调控的基本单元。要想使单点在网络中起作用，基本条件是点必须在网上，而目前我们昆明市的路口信号灯没有进行联网运行，在信号控制上形成孤立的点，而非网络节点。只有路网上各路口信号灯联网运行，路网才具备了交通负荷调节能力，才能均分交通压力，避免交通拥堵。

怎样进行单点路的放行和控制呢？放行方式，按照路口内冲突情况来选择，有不分直

行、主行流向放行的"二相位"放行方式；有分流向"多相位"放行的方式；有分方向放行的"轮放"方式。冲突简单的选"二相位"控制方式，冲突复杂的选"多相位"控制方式，各方向上流量不均衡的选"轮放"控制方式。增加相位的作用是简化冲突，但会增加换向绿灯损失时间，降低路口通行能力，在路口选择放行方式时，要注意结合路口特点及存在的问题进行选择，相邻的路口尽可能选择一样的放行方式，在改变放行方式的路口，可以适当调整渠化方式作为相位通行能力的补偿。

单点路口信号控制模式，在流量较小时，一般选择全感应控制，在主干与支路相交的路口或某一方向上有优先通行要求的路口，可选用半感应控制，当通过路口的流量大到一定程度时感应控制失效，此时应选用多时段信号控制。感应信号工作原理为感应到来车的方向，设置信号灯初绿时间，其初绿时间长短，按检测器位置或路口大小，自行设定；在初绿时间内，检测器在检测到后续来车，每检测到后续来车增加一个绿灯延误时间，一般 5 秒至 10 秒，如果初绿时间加上数个绿灯延迟时间达到最初设置的绿灯极限时间后，不管该流向检测器是否检测到后续来车，信号灯都强制换向，等各方向上的绿灯时间都达到了绿灯极限时间，感应式信号灯实质上已变成多时段控制中的单点定周期信号灯，其周期时长为感应控制各流向上绿灯极限时间的总和，按照这个规律可以看出，低负荷小流量时用感应控制方式，中负荷较大流量用时段控制方式，两者使用条件和对象不同。对于中低负荷路网，一般不会产生拥堵，此时可以根据不同时段的流量情况设置不同的信号控制方案，利用多时段定时控制方式加以实施。在方案制订时，应充分考虑流量发生的周期规律，如年的流量周期，哪个月最大就以那个月为信号配时基准，周的流量周期，周一至周五是工作日，能分别配置方案为最好，其次是选择流量最大的一天为全周工作日配时基准，周六为休息日，也应按流量最大的一天进行配时；特别是春节、五一、十一，三个长假，要单配假日信号方案。一天的信号周期，至少应分出上下班时段、上下午高峰时段、晚高峰时段、平峰时段和低峰时段，进行方案配置；由于白天多为生产性交通，晚上多为生活性交通，发生高峰的区域有可能不同，要求信号机有多时段控制的能力。

目前昆明市拥堵现象较为突出，主要原因之一是信号控制过于简单，全天只执行一个信号方案，而不是根据不同时段的流量变化规律进行相应信号配时调整，故流量变化稍大一点就会产生交通拥堵。因此根据不同时段的流量变化制定不同时段的信号方案，是动态交通组织的基本工作内容。信号灯相当于"水龙头"，流入多少、排出多少，完全可以调控，绿灯为开红绿为关，放过多少流量取决于绿灯时间的长短，因此调节路口某流向上绿灯时间，可以使路网的交通压力发生转移。

下面谈谈路口"信号参数"的问题。

路口信号参数由"信号周期"和"绿信比"组成。"信号周期"是路口信号各灯色轮流显示一次所用的时间总长，而"绿信比"是指各相位绿灯时间与信号周期时间的比值。由此可见，路口信号参数的调整实质上带来的是路口流量流向的重新分配。信号周期延长，通行能提高，造成对下游路口交通压力的加大。为避免下游拥堵和方便协调控制，相邻路口宜采用共同周期，尽量避免调整单个路口的信号周期。而"绿信比"调整，会带来路流量流向的重新分配。减少某个流向的交通压力，有可能加大其他流向的交通压力，因此路口信号配时调整应先从"绿信比"开始调整。在"绿信比"调整前，应确定出不同路口流向的重要程度，对于重要流向上采用适当延长绿灯时间的方法调整流向压力；对于其他流向，由于相对绿灯时间减少，有可能会引起拥堵，此时只要保证主要流向畅通，一般半个月后，路口各流向的压力就会重新自动调整，达到一种新的均衡。但是如果仅调某一流向的绿信比后，路口各流向仍然拥堵，就该调整路口的信号周期了。此时要注意在一条道路上，一个路口进行信号周期调整后，会发生交通流量压力转移，最好相应路口的信号周期都作适当调整，以抵消转移的交通压力。如果我们调整相邻路口相应绿灯开启时间，使之形成机动车断流段，交错达到路口，则道路各流向上的机动车流在通过道路时都不会遇到红灯，进而减少路口拥堵发生的机会。

拥堵是如何产生的？是交通流饱和产生的。饱和与非饱和是互逆的。当前的拥堵很大程度上是用解决非饱和交通的方法来解决饱和交通问题造成的。例如，很多人认为信号灯多是造成拥堵的主要原因，这只是对非饱和交通的认识。实际上交通拥堵是信号灯太少，信号灯之间的间距太大造成的。信号灯间距大，路段上道路两侧生成的交通流必然就多，这些交通流都集中到了路口，势必造成路口的拥堵。昆明市信号灯的设置情况正如上述。如把信号灯路口改为立交桥，拥堵就会发生转移，导致下游路口交通压力增加，实质上是拥堵范围的扩散。

那么缩小信号灯的间距是否能缓解拥堵呢？答案是肯定的，形象地来说，加大信号灯路口间距的结果是流量积分，缩小信号灯间距的结果是流量微分，一旦微分到一次绿灯时间能够完全放空信号灯停止线后积累的全部车辆，这处信号灯才具备了实行信号绿波的条件。我们应该充分认识到非饱和路网的拥堵是流量集中造成的，而饱和路网的拥堵是流量积累快、消散快造成的，两者不是一个性质。解决非饱和交通拥堵，静态组织加信号自适应控制即可满足要求；要解决饱和条件下的交通拥堵，则须进行流量调控，用动态交通组织的方法来解决问题。具体来说，就是对于不同的交通流负荷水平采用不同的信号控制战略。即：对于低负荷交通流，感应控制为最好，可使交通延误降到最低；对于中等负荷的交通流，信号绿波协调控制为最好，可以有效减少路网停车次数和交通延误；对于高负荷交通流，信号均分控制为最好，可以均分路网各节点交通压力，把发生交通拥堵的机会降到最低。

综上所述，无论是调信号配时，调渠化车道、调禁限流向与车种，还是修立交桥，修地道，拓宽道路，实质上都是压力转移和堵点搬家。转移得好，路网压力均分，不会产生局部拥堵。反之，则可造成交通压力过于集中，导致拥堵，影响整个路网的畅通。

值此昆明多种交通组织都未能很好地解决交通问题之时，使我们不得不重新审视我们过去的做法。

建议，昆明交通疏堵今后应先考虑采用加密信号灯的设置，充分利用现代信号协调的技术来解决。

昆大线(黄土坡—黑林铺段)拓宽改建工程Ⅱ标段预应力锚索设计与施工

王维广

(昆明市政工程设计科学研究院有限公司)

摘要: 以昆大线(黄土坡—黑林铺段)拓宽改建工程Ⅱ标段预应力锚索为例,对预应力锚索设计与施工问题进行了探讨。

关键词: 高边坡 预应力锚索

昆大线(黄土坡—黑林铺段)K2+040~K2+140段右侧原边坡挡墙设计为M7.5浆砌块片石重力挡墙,挡墙分为上下两台,中间预留一平台,该段最大边坡高度约为12米,平均高度约为10米,后因该段右侧边坡山顶房屋较多且拆迁困难,实施浆砌块片石重力式挡土墙无放坡空间,结合该段边坡的地形地质情况以及施工工期,拟重新设计该段边坡防护,该段边坡防护设计为预应力锚索、锚杆钢筋砼十字框架梁形式,下面着重对预应力锚索的设计与施工谈一下自己的一点粗浅体会,希望能对工程设计和质量提供一种方法和参考。

一、工程概况

该段边坡的地质情况为:自坡顶往下0.5~1.1m为杂填土,其下地层为灰黄、褐黄强风化石英砂岩、泥岩,灰、青灰色的泥灰岩,节理发育,呈碎块状,遇水易软化,开挖暴露后风化较快。该段边坡勘察内摩擦角为$\phi=15°$,土的粘聚系数$C=30kPa$。本标段路堑高边坡防护设计采用压力分散型锚索,每孔锚索共两个单元,每个单元由三根无粘结钢绞线内锚(通过OVM锚具锚固,单根连接强度大于155.1kN)于钢质承载体组成,预应力锚索为$\phi j15.24mm$、强度1860MPa高强低松弛钢绞线;锚具为OVM型。预应力锚索结构参见图1。

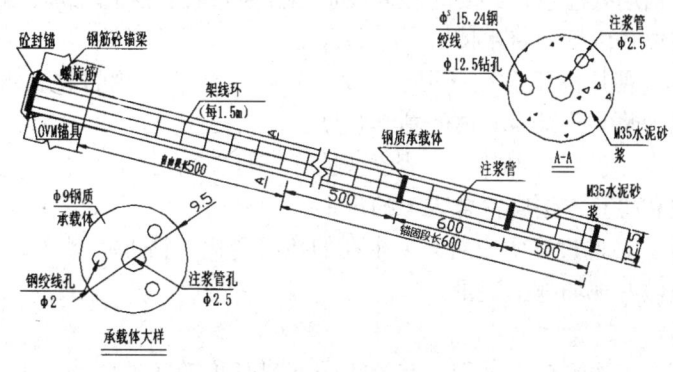

图1 预应力锚索施工大样图

二、施工工艺流程

施工工艺流程：测量放线、钻锚索孔、编索、安装锚索、注浆、浇筑钢筋砼框架、预应力张拉锁定及封锚等。

三、基本试验

1. 试验目的：大规模施工前，按照施工图设计规定进行锚索基本试验，即抗拨拉破坏试验，以验证锚索的性质和性能、施工工艺、设计工艺、设计合理性、安全储备、锚索的抗拨拉承载能力、荷载、变形、松弛和蠕变等问题，以及有关搬运、储存、安装和施工过程中抗物理破坏的能力。如发现问题，应及时采取变更和完善等应对措施，以便调整和修正设计参数和施工工艺。

2. 试验孔的布置和试验方案的确定：布置在有代表性岩土的坡面上。基本试验每种类型锚索数量不少于3根，试验时最大的试验荷载不宜超过锚筋承载力标准值的0.9倍，待锚固体强度达到设计强度时，方可进行试验。

四、锚索施工工艺、施工要点

1. 锚索钻孔

（1）测量定位：坡面检查合格后，按设计要求测量放线测定孔位，孔位误差不得超过±5cm。钻进过程用罗盘仪控制钻孔方向，以满足精度要求。

（2）钻机就位：用地质罗盘仪或测斜仪定向，钻杆与水平夹角控制在20°，并确保钻机安放支架牢固稳定，在造孔过程中不允许出现晃动。

（3）钻孔机具：采用空压机供风，潜孔钻无水干钻成孔，以确保锚索施工中不至于恶化边坡岩体的工程地质条件和保证孔壁的粘结性能；使用钻头直径不得小于设计孔径。

（4）钻孔顺序：钻孔应自上而下逐层施工，并组织好交叉、流水作业。

（5）钻孔深度：为确保锚孔深度，钻孔深度大于设计深度0.2m以上。

（6）特殊情况处治：钻孔速度应根据使用钻机性能和锚固地层严格控制，防止钻孔扭曲和变径，造成下锚困难或其他意外事故；如遇地层松散、破碎时，则采用套管跟进钻孔技术；如遇塌孔、缩孔现象，立即停钻，及时进行固壁灌浆处理（灌浆压力0.1~0.2MPa），待水泥砂浆初凝后，重新扫孔钻进，以使钻孔完整；若遇锚孔中有承压水流出，待水压、水量变小后方可下安锚筋与注浆，必要时在周围适当部位设置排水孔处理，或采用灌浆封堵二次钻进等方法处理锚孔内部积聚水体。

（7）锚孔清理：使用高压空气（风压0.2~0.4MPa）将孔内岩粉及水体全部清除出孔外，以免降低水泥砂浆与孔壁岩土体的粘结强度。

（8）锚孔检验：锚孔成孔结束后，须经现场监理检验合格后，方可进行下道工序。锚孔钻造的允许偏差和检验方法应符合表1的规定。

（9）钻孔记录：钻进过程中应对第1个孔的地层变化，钻进状态（钻压、钻速）、地下水及其他特殊情况做好现场施工记录。

2. 编索

编索在加工棚内工作平台上进行。钢绞线的下料长度等于锚索设计长度、外锚墩厚度、张拉千斤顶长度、锚具厚度以及张拉操作预留量等的总和。截取钢绞线前，对线材要进行检查，对无粘结钢绞线套管有破损的进行修补，钢绞线有机械损伤或锈蚀的放弃不用。截取钢绞线用切割机，不允许用电焊或气割。截好的钢绞线平顺地置于工作平台上。每孔压力分散型锚索有6根分为2组，每组3根，端部用红、黑两种颜色的油漆标记。在锚固段范围内按设计间距穿上架线环，用细铁丝绑扎固定，再在锚索下端部安装钢质承载体及挤压套。注浆管与锚索一起编入索体，从承载板中间穿过。编索后编号备用。

表1 锚孔钻造的允许偏差和检验方法

项次	项	目	允许偏差	检验方法
1	孔位	坡面纵向	±50mm	用经纬仪或拉线和尺量检查
		坡面横向	±50mm	
		孔口标高	±100mm	用水准仪或拉线和尺量检查
2	孔向	孔轴线倾角	±1.0°	用测角仪或地质罗盘检查
		孔轴线方位	±2.0°	用经纬仪或地质罗盘检查
		孔底偏斜	满足设计要求	用钻孔测斜仪检查
3		孔径	满足设计要求	验钻和尺量检查
4		孔深	大于设计深度20cm	验钻和尺量检查

3. 安装锚索

锚索孔成孔检查合格后，再次用高压风清孔一次，将相应的锚索人工抬至孔口穿索。穿索时要人工缓慢送入，避免锚索体扭曲。

4. 注浆

采用一次常压注浆孔底返浆方式注浆，直至锚孔孔口溢出浆液或排气管停止排气且有稀水泥浆压出时，方可停止注浆。注浆结束后应观察浆液的回落情况，若有回落应及时补浆。液浆作业过程应做好注浆记录，同时，对每批次注浆采样进行浆体强度试验。浆液为M35水泥砂浆，水灰比0.4~0.45，注浆压力按设计要求控制，设计无要求时控制在1.5~2.5MPa。

当锚固段地层为土质时，根据设计要求，为提高锚固段的抗拔能力，采用两次高压劈裂注浆，在一次注浆形成的水泥结石体强度达到5.0MPa进行。浆液选用水灰比0.45~0.5的纯水泥浆，注浆压力不宜低于2.5MPa。注浆压力、注浆数量和注浆时间可根据锚固体的体积及锚固地层情况通过试验确定，并分段依次由下至上进行。

5. 钢筋砼框架施工

施工程序为：测量放线—锚梁开挖—支立模板—绑扎钢筋—安装锚索孔口波纹管—安装螺旋筋及孔口钢筋网—安装锚具（钢垫板）—现浇砼—砼养护。施工要点为：

（1）基础底面处理。基底用2~5cm厚水泥砂浆找平，遇边坡有局部超挖较大架空处采用C10浆砌片石嵌补。找平后的基础底面较框架梁宽50mm，作为立模的基面。

（2）模板的安装与加固。模板采用组合钢模，锚斜托处的模板特制，使锚斜托突出框架梁表面与锚索方向垂直。用14圆钢筋打入地面和钢管支架联成整体固定模板。检查模板接缝，空隙用海绵条堵塞紧密防止砼灌注时漏浆。

（3）钢筋制作、砼灌注和养护。锚索框架现场浇筑。钢筋在棚内制作，运送至现场绑扎。下料、弯制、焊接、绑扎按设计技术规范要求施作。砼机械拌和，简易索道和铁斗车运输，振动棒振捣密实，尤其在锚孔周围，钢筋较密集，应仔细振捣，保证质量。砼浇筑完成后，及时草袋覆盖洒水养生至张拉龄期。

（4）浇筑砼前，必须将锚具中的螺旋钢筋、波纹管（宜用钢质）和锚垫板按设计要求固定在地梁或立柱的钢筋上，方向与锚孔方向一致，摆放平整。

（5）锚索框架按设计分片施工，相邻两片框架横梁或顶梁接触处留2cm宽伸缩缝，用浸沥青水板填塞。

（6）对地质复杂，稳定性差的边坡，采用压力分散型锚索加固时，应根据边坡稳定变化的情况，及时采用简易预张拉，简易预张拉的拉力一般为设计荷载的30%。

（7）锚索地梁或框架允许偏差和检查方法按表2的规定。

表2　地梁或框架的允许误差和检查方法

序号	检查项目	规定值或允许偏差	检查方法
1	孔距偏差	±50mm	每20m用经纬仪检查3点
2	孔口高程	±100mm	每20m用水准仪检查3点
3	锚索轴线误差	±30	查施工记录，每20m查2根
4	框架地梁砼强度	满足设计要求	每个工点取3组试样试验
5	框架地梁断面尺寸	满足设计要求	每5根抽查1根

6. 张拉锁定

压力分散型预应力锚索张拉按一定的次序分单元采用差异分步进行，即根据设计荷载和锚固单元长度计算确定差异荷载。首先分单元补足张拉各单元差异荷载，然后按下述张拉程序整体同步分级张拉。

边坡锚固锚索张拉采用超张拉，超张拉力值为设计拉力值的1.1~1.2倍。锚索张拉力值宜分两次张拉作业施加，第一次张拉作业力值为设计张拉力值的一半，第二次张拉作业直至超张拉力值。每次张拉宜分为5~6级进行，除第一次张拉需要稳定30分钟外，其余每级持荷稳定时间为5分钟，并分别记录每级荷载对应锚索体的伸长量，做好记录。张拉时锚索体受力要均匀，发现异常情况应分析原因，并及时处理解决。

锚索张拉注意事项：

（1）锚斜托台座的承压面应平整，并与锚索的轴线方向垂直。

（2）锚具安装应与锚垫板和千斤顶密贴对中，千斤顶轴线与锚孔及锚索体轴线在一条直线上，不得弯压或偏折锚头，确保承载均匀同轴，必要时用钢质垫片调满足。

（3）锚固体与台座砼强度均达到设计强度时，方可进行张拉。

（4）张拉千斤顶和油泵必须经过有资质的部门校验标定。

（5）锚索正式张拉之前，应取0.1~0.2倍设计张拉力值对锚索进行1~2次预张拉，确保锚固体各部分接触密贴，锚索体顺布平直。

（6）永久锚索张拉控制应力不应超过其极限应力值的0.6倍。

（7）完整记载并保存张拉记录。

7. 封锚

锚索锁定后，做好记号，观察三天，没有异常情况即可用手提砂轮机切割余露锚索头，严禁电弧烧割，留长5~10cm外露锚索，以防滑。最后用水泥净浆注满锚垫板及锚头各部分空隙，并按设计要求支模，用C15砼封锚处理，防止锈蚀和兼顾美观。

8. 监测

在施加预应力前全面测量被加固体平面位置及高程，张拉过程中，实行"信息施工法"，即边监测边施工，以反馈回的资料指导施工。

结束语：随着社会基础设施建设的力度不断加大，道路设计标准不断提高，高边坡防护工程越来越多，为了维持边坡的稳定，提高防护技术的技术含量，预应力锚索防护技术有着更加广阔的发展前景，虽然边坡防护的技术形式有多种多样，以上仅是本人的一点粗浅认识，但有一点是人们所共识的，确保工程质量是人们所期望的。

建筑设计论坛

从城市建筑到"城市花园"

——浅议昆明城市绿化空间的延伸

杨宝璋　王永利

(昆明市建筑设计研究院有限责任公司)

摘要：争取用三年的时间把昆明创建为国家园林城市，是昆明继'99世博会、2000年城市创建计划后的又一次行动计划。通过对昆明城市绿化建设的一点认识，希望促进昆明国家级园林城市的早日实现。

关键词：城市建筑　城市空间　园林城市

一、城市空间和城市环境

城市是因为人的聚居才成其为城市的。所以，城市空间简单地说，也就是提供给人活动的空间。1933年，国际现代建筑协会发表《雅典宪章》，认定现代城市的四大功能是居住、工作、游憩和交通，城市空间相应的分化为四类空间：居住空间、工作空间、游憩空间、交通空间。

我们把城市空间归纳为两大空间：城市水平露地空间和城市垂直建筑空间。这两大空间形成了城市的两大环境：城市露地环境（露地绿色环境）和建筑环境，而建筑又是界定城市空间的主要因素。

昆明的城市环境必须靠更多的绿色空间与其他环境因子一起才能维持城市环境生态平衡。但由于城市建筑的增加，绿色环境遭到了严重破坏。特别是城市水平露地扩展绿色空间的潜力越来越小，也就是说，在短期内增加绿地率和人均公共绿地越来越难，因此我们提出，是否可以让城市垂直建筑空间的绿化扩展先行，即把昆明露地绿化空间向空中延伸，这样可以大幅度提高绿化覆盖率，由室外向室内延伸，使城市从"城市建筑"提升为"城市花园"。

二、城市建筑空间绿化

城市建筑空间绿化主要包含屋面绿化。说到屋面绿化，人们往往把它理解为在建筑物的屋顶实施绿化，但涵盖在其中的不仅仅只是屋顶庭院。从与建筑的关系来看，实际上还包含多种形态和支持这些形态的技术。建筑空间绿化包括房屋顶上的绿化、地下设施上部（如地下停车场）的屋顶绿化、建筑中庭和墙面绿化。由于屋顶庭院绿化的空间更大，我们着重从屋顶庭院绿化来阐述观点。

1. 国内外屋顶（庭院）绿化状况

近代开屋顶（庭院）绿化先锋的是美国一位风景建筑师。1959年，他以开拓者的精神在一座6层楼的顶部建造了一个景色秀丽的空中花园，全园面积1.2公顷。他在屋顶上作了防水渗透处理后，上敷薄层土壤，配植乔木、花草，有曲折的甬道穿行其间，并设靠椅和小凳供人休憩。此后，屋顶绿化开始呈现出勃勃生机。一些发达国家，如法国、英国、德国、加拿大、日本等，在新营造的建筑群中，在设计时就考虑到了屋顶花园项目，造园水平越来越高。在这些发达国家，屋顶绿化不是一种绿化点缀，而是一种绿化常态。

据资料记载，我国20世纪60年代开始研究屋顶（庭院）绿化的建造技术。随着我国人民生活水平的不断提高，旅游业的发展，为了改善城市生态环境，增加城市人均绿地面积，提高绿地覆盖率，屋顶绿化才真正进入到城市的建设规划、设计和建造范围中来。

我国屋顶绿化起步较晚，在一些城市中建造的大多为原建造物的屋顶平台改建而成，真正按城市的建设规划设计建造的较大型的屋顶庭院不多。

近年来，由于城市用地的日趋紧张制约着绿化事业的发展，因此，在现有的或新建的建筑物上开辟绿化空间，已提到城市建设的日程之上。如北京、上海、深圳已提早逐步推行屋顶（庭院）绿化，取得了较好的生态效益和社会效益。

由于城市的现代化建设，又一种被广泛应用的屋面绿化的形式出现，即地上部分的屋顶绿化。城市中心的交通广场地下往往布满了商业设施，但为了提高土地的使用率，常把设置在地下的城市设施的地上部分建设为可利用的绿化类型。这一绿化类型在昆明的城市建设中已出现，如胜利广场、金碧广场，但是，屋顶庭院绿化至今却尚未得到重视。

2. 屋顶（庭院）绿化的作用

（1）改善城市的生态环境

屋顶绿化是拓展城市绿化空间的可行方式，它和露地绿化一样能够改善整个城市的生态环境，减轻热岛效应，净化空气。由于植物层可以起到隔热作用，屋顶绿化后，室内温度在夏季可降低3摄氏度，形成"天然空调"的神奇效果；许多植物有吸尘作用，可以起到净化空气的作用。

（2）提升城市的俯视景观和美化城市的天际线

我们今天看到的昆明城市俯视景观，更多的是灰色、杂乱没有轮廓的屋顶。

屋顶在各个时代以及各个国家和地区特征不同，具有强烈的象征意义和审美价值，如中外精美的古典建筑，其屋顶轮廓都具有很高的艺术价值，装饰的曲线、雅致的图案、漂亮的屋脊轮廓，以天空为背景，建筑与天空融为一体。如今的现代城市中，看到的更多的是板块式建筑以及生硬的轮廓线，而改变这一"不良面貌"的捷径就是用不同类型的植物合理布置在其上，形成高低错落、缤纷多姿的屋顶花园，这不仅提升城市的俯视景观和美化城市的天际线，更重要的是提升了城市的绿化景观和绿化品位。

（3）减少屋顶排水量

一般未经绿化的屋顶坡度在15%以下，大约80%的雨水通过檐沟和落水管排入下水道，而绿化了的屋顶只有30%的雨水排入下水道，绿化屋顶越多，大雨后，排入下水道、溪流和河道中的水量就越少，这可以节约市政设施的投资。

（4）防止屋顶表面温度的变化

由于地球的"热岛效应"，昆明的气候已发生了明显的变化，"一雨便成冬"的感受已越来越弱，夏季和冬季，屋面的温度与气温的差异也越来越明显。绿化对建筑顶层可以起到保温和隔热作用，达到冬暖夏凉的目的。

3. 屋顶（庭院）绿化面临的困难

屋顶绿化的好处很多，但也由于一些因素而难以迅速推广和发展。首先一些老建筑在进行屋顶绿化之前，需要进行防渗水处理和承重检测，这需要大量投入，政府没有此项专款。

其次是政策问题,由于政府在房地产开发中没有强制性的规定,许多开发商没有建设屋顶花园的观念,即便有也由于建造屋顶绿化需要增加成本,又没有相应政策的奖励和保护而放弃。要推广和发展屋顶绿化.就必须要有相应的保障措施。

三、发展屋顶绿化的措施

1. 政策保障

政府首先要从规划开始就融入屋顶绿化的理念,为屋顶绿化建设创造前期条件。这需要绿化、住宅、规划等诸多部门的共同协调。可以从房地产开发商(尤其是私人)的项目入手。如日本东京从2000年起,政府开始鼓励房顶绿化,要求建筑占地面积在$1000m^2$的楼房,只要构造上不存在问题,就必须对房顶可利用面积的20%以上进行绿化。房主在向政府提出建房申请前须递交绿化计划书,否则将处以20万日元以下的罚款。

我国对于房地产开发,在房屋使用率、绿地率、绿化覆盖率、容积率和建筑密度上均有规定,是否有可能进行相应的调整,让开发商多得到一些开发用地,而所获利益用于投入屋顶绿化。对于屋顶绿化工作做得好的给予政策和物质上的奖励。

而对于老房子的屋顶绿化建设,则应落实相关的政策和法规:责成相关单位,把屋顶绿化建设的硬指标定下来。

2. 技术保障

建筑设计师首先要有在建筑中穿插"绿意"的观念。进行建筑设计时充分考虑如何把室外绿化延伸进室内,即建筑内庭花园;把绿化由地面向空中延伸,即创造建筑墙体绿化空间和屋顶绿化空间。

3. 屋顶(庭院)绿化基本原则

(1) 实用原则

进行屋顶(庭院)绿化,主要是为了改善城市的生态环境。为人们提供良好的生活和休息场所,因此它的绿化作用应放在首位。通常,评价屋顶绿化的好坏,主要强调其绿化覆盖率指标必须保证在50%~70%以上,因为只有保证了一定数量的植物。才能发挥绿化的生态效益、环境效益和经济效益。

(2) 美观原则

地面绿化的形式很多,屋顶(庭院)绿化,由于受面积的限制及独立性较强。因此要求比地面绿化设计得更精致美观。如屋顶上的游人路线、建筑小品的尺度和位置。更应仔细推敲,要与主体建筑及周围建筑大环境协调一致。特别强调的是建造一定要体现设计,否则无法达到精致美观。

(3) 安全原则

建筑物是否能安全地承受由于绿化而增加的荷重是屋顶绿化成功与否的先决条件,屋顶绿化最关键的技术问题是屋顶绿化活荷载的确定。屋顶绿化活荷载仅是屋顶设计荷载中的一部分,它与屋顶结构自重、防水层、找平层、保温隔热层和屋面铺装等静荷载相加,才是屋顶的全部荷载。

屋顶绿化还有许多绿化方面的技术问题,如屋顶排水层和过滤层的做法如何满足绿化的要求,如何选择种植土壤,如何选择特色植物等,这些技术的处理方法在许多专业书籍中都有详尽的叙述。

总之,屋顶绿化并非需要多么雄厚的财力和发达的技术,主要是需要观念更新和政策扶持。只要有关方面和社会各界重视这个问题:大家共同努力,相信城市屋顶(庭院)绿化一定能在昆明得以推广和发展,也即会成为昆明一道亮丽的绿色风景。

特色城镇的保护与发展

——建筑风格的探讨

蒋鸿兴

（昆明官房建筑设计有限公司）

摘要： 云南省推出的六十个特色小镇，各具特色，但保护与发展的同时对建筑风格上缺少一些研究。作者通过自身创作感受，认为"新中式建筑"风格适宜特色城镇的发展，经过若干年后，特色城镇更具有魅力。

关键词： 特色城镇 保护与发展 新中式建筑

一、云南省特色城镇建筑风格的特点

云南省是少数民族最多最广的省份，由于历史和文化的沉淀，其自然景观、人文景观、经济文化、生活习俗的不同，民族文化、多元文化得到了发展和传承，形成了具有代表性的丽江古城、大理古城、建水临安镇、会泽娜姑镇、巍山南诏镇、安宁温泉、腾冲、晋城镇、保山板桥镇、勐腊易武乡等。

云南省推出的六十个特色旅游小镇。其相当一部分是壮、傣、瑶、哈尼、彝、苗、纳西等民族聚居地区。建筑以明清建筑为主体，也保留少量的元代建筑。因民族文化与中原文化的结合，又产生了多元文化，各地建筑风格有其相同点，也有区别，又形成自己的特色，如纳西族和白族的民居多用土木结构的"三坊一照壁"、"四合五天井"式的瓦屋楼房。但在建筑的色彩及彩绘和细部上，包括庭院地面铺砖用材上都有所不同，形成纳西族和白族各自的特色；建水的朱家花园是清代居民群，其建筑主体呈"纵四横三"的多院落布局。为典型的并列连排组合房屋格局，井然有序，院落空间变化无穷，整个建筑屋脊飞檐、雕梁画

栋、精美高雅；再如汉文化与傣文化相结合的傣汉建筑合璧的孟连娜允傣族古城中的宣抚司署；还有姚安光禄镇在民国时期建筑中西合璧的高氏土祠、蒙自海关楼等等。民居建筑中，傣族喜爱干栏式，因气候和功能所需，苗族的吊脚楼是因山就势，昆明"一颗印"是为了私密性。讲究建筑与自然环境融为一体，依山傍水、错落有致，处处给人以紧凑之感，让人体会到"天人合一"的古朴意识及其博大精深的文化内涵。每个民族建筑都充满传奇梦幻的色彩。有的吸收了外来文化的影响，出现中西合璧的建筑，中原文化与当地民俗文化结合，产生了丰富多彩的多元文化，形成了独特的建筑风格。

二、特色城镇保护与发展存在的问题

目前，我们能看到的古镇，大多位于交通不便、蛮荒偏僻之地，即使是曾经一度的繁华，也因历史沧桑而门前冷落、尘封密藏。在现代社会发展中，"旅游"带动"经济"的浪潮，这些要保存传统生活空间和生活方式的特色古镇，很难逃避消失的命运。这些多年尘封失修的古镇突然被开发者和政府发掘，成为宝贵的"旅游资源"，"钱景"自然可观，但前景充满着变数。在可望而不可即的经济大潮中，古镇人们突然发现先辈留下的"破烂"，能换回钱来，补贴生活或孩子们的学费，出现了拆门窗、挖门槛、卖砖石的情况，我们只能面对这些残骸破洞而叹息。此时政府重视了，人们也开始醒悟了，这些"破烂"已令人情不自禁地想梦回前朝，将发现历史的厚重，从蛮荒到文明，从衰落到盛世……随着历史的推移而沉淀成巨大的财富。人们也从盲目的开发"掘金"，转为理智的规划、保护和开发。

云南省委省政府高度重视，对特色城镇的保护提出了"要把历史文化名村镇保护和旅游村镇建设结合起来，通过对现有历史文化名村镇的改造，高水平规划建设一批特色旅游名镇，促进群众脱贫致富，带动当地经济发展"的目标，同时政府相关部门也制定了相应政策和管理办法，来保护与发展特色城镇。

但在城市化进程中，欧陆风、北欧风、现代风也刮到这些特色城镇，全国各地出现了风格迥异，或千篇一律的各类建筑，欧式建筑，"瓷砖"建筑，甚至高层建筑在古城镇中也突现，一些古城镇的特色正逐渐走向消失。

即便是比较成功的规划、保护典范的特色城镇，虽做了很多规定和办法，在"旅游带动经济"的驱使下，使曾经淳朴的村民，也变成了与游人讨价的商贩，古风不见，剩下的是满街摩肩接踵的外地游人，民族被汉化、商业味浓、民俗韵味淡泊。

我认为在特色城镇古建筑的保护中，要"保存"的建筑则保持旧样，要"修复"的建筑也要尽量维持原样，需要恢复"重建"的建筑也应确保历史痕迹。使这些建筑、街道和城墙成为人们寻访历史的地方。给游客们一种想象，一种寻访，一种穿越时空隧道时的感受，你与先人对话时将充满睿智与灵性，当人们静默在每一处史迹前，将遥想当年的情景，勾画曾经繁华的市井。任历史与现实若即若离的情景在眼前交相辉映，这种效果就是我们"保护"要达到的。

三、"新中式建筑"适宜特色城镇的发展

特色城镇建筑风格多为传统中式建筑风格，故我们在特色城镇发展中应提倡采用"新中式建筑"来传承和发扬中国文化，使这些特色城镇更具魅力。城镇建设它将宽容地记录下人类从古至今的一切活动与成就，终有一天，我们自己也将成为历史的一部分，也注定被后人所追忆。

如果在特色城镇建设中采用欧式建筑或北欧、欧陆风格的建筑形态，必然会与特色城镇产生格格不入的景象，我们的特色城镇的"特色"将淡化，甚至消失。若我们采用现代建筑风格来开发特色城镇，可想也会出现历史文化的断档，跳跃太快，反差太大也会淡化特色城镇的"特色"。

而"新中式建筑"是保持传统建筑风格，但在功能上满足于现代人的需求，与传统建筑在功能需求上有了很大的变化，随着科学技术的发展，现代人对生活、学习、工作、购物、休闲、健身、娱乐都有很高的追求，"新中式建筑"就是要在功能上创造空间环境满足现代人的需求。它是从内容到形式的创新。

"新中式建筑"不仅是中国文化的一种传承，更重要的是它体现了对传统建筑的推陈出新。由于人们生活方式的改变，新材料、新技术的应用，科技的发展，"新中式建筑"既保持了传统建筑的精髓，又融合了现代建筑元素和设计理念，从而赋予了传统建筑新的活力。

"新中式建筑风格"是一种内涵发展和变化的结果。它适用于酒店、学校、民居、民用建筑等，较为成功的案例为：丽江官房滇西明珠大酒店，吸收了纳西文化和建筑特点，采用庭院及院落式布局方式，保留了丽江小桥流水的景色，我们设计有标间式庭院客房和家庭居家式客房，在功能上满足五星级酒店要求，在经营管理上又满足产权式业主的要求和管理要求。在建筑风格上有所创新，我们将太阳能集热板和筒板瓦坡屋面有机结合形成一体，将热水暖通设备分散布置于各独立院落便于运行管理，降低成本。根据丽江气候特点，采用庭院上空设玻璃顶，既可观雪山又能采光、通风和保暖。庭院中有小桥流水穿过，和室外景色融

为一体，是很有情趣的"新中式建筑"，酒店建成后深受旅客的喜爱。又如：腾冲官房大酒店，我们吸收了腾冲火山热海文化和顺侨乡建筑风格，将酒店围绕若干个温泉、泡池、游泳池布置，以一种亲和休闲度假酒店形式来设计，在设计中大量采用不同密度的火山石，独创了一种有特色的火山石坡屋面，在建筑风格上又形成独有的"新中式建筑"。再如：丽江体育馆，我们在设计中既满足使用功能，又满足消防疏散等，但在建筑风格上又吸收了纳西服饰文化和东巴文化，在外立面上又独创了"新中式建筑"。总而言之，"新中式建筑"可以结合不同的地域文化创造出不同的建筑风格，结合当地文化、当地材料用"不同形式"表达不同的"新中式建筑"，可成为不同特色城镇的基本建筑风格。按适度超前的设计思想，考虑：耐久性、美观性、经济性、实用性、安全性、社会性、完善配套和基础设施。注重生态、节能。可采用太阳能供热和供电，实现太阳能与建筑一体化。我想，随着时间的推移，这些"新中式建筑"将更能融入传统建筑中去，与当地的文化和地域环境相协调。

白居易云:"十亩之宅,五亩之园。有水一池,有竹千竿。勿以土狭,勿以地偏。足以容膝,足以息肩。有堂有亭、有桥有船。有书有酒,有歌有弦。有叟在中,白须飒然。识分之足,外无求焉。"这种意境我们这个时代的人很难实现,但这种美景不是我们应该去追求的梦想吗?

因此,我们要为特色城镇的保护与发展找出一条合理的创造之路,少留遗憾。我们今天所做的将变为过去,最终将成为历史,我们要为后人寻访留下有价值的东西,才不愧于一个建筑师、一个开发者、一个中国人。

腾冲官房大酒店

参考文献:

[1] 徐开平. 魅力之镇——云南旅游小镇特刊. 风光,2006(5)总第86期

[2] 中国古镇游编辑部. 周宏中国古镇游. 陕西师范大学出版社,2004(升级版)

清真寺建筑小议

田嘉农

(昆明市建筑设计研究院)

摘要： 简述伊斯兰教清真寺在使用功能和建筑造型上的特点及要求，并阐述昆明地区清真寺的简况和本土化特色。提出的新改扩建设计中应该遵守的原则和建议，可供参考。

关键词： 清真寺建筑　平面功能　外观

清真寺是伊斯兰教重要的宗教活动场所，也是伊斯兰教建筑主要的组成部分。在穆斯林（信教教民）的集居区，它成为该区域最为瞩目的标志性建筑。清真寺又称"礼拜寺"，阿拉伯语原意为"叩拜之处"，伊斯兰教圣人穆罕默德在"圣训"中提到"人们在叩拜时最接近真主"，按教义规定教民们每天须按"晨、晌、晡、昏、宵"五个时辰进行礼拜，而每周五的聚礼日（主麻日）以及每年的重大节庆日都必须在清真寺聚礼拜，因此凡穆斯林居住之处就必有清真寺。伊斯兰教源于阿拉伯地区，历史悠久，是世界三大宗教之一，早期该地区的建筑材料多为砖石、土坯，故而清真寺建筑也多为砖石结构。在砖石结构中要获得较大空间以满足集体活动最有效的建构方式就是起拱和穹隆，因此阿拉伯地区传统的清真寺大多有高高的穹隆，尖尖又起拱的门窗洞，以及为召唤教民而设的一座或几座高耸的"宣礼塔"，这些就构成了该地区清真寺较具特色的建筑形象。

伊斯兰教在我国属外来宗教，历史久远。唐代随商贸、战争活动逐渐传入，而云南昆明地区则在元代发展较快，教民绝大多数为回族，据史书记载当时昆明城郊就有清真寺达九座之多，教民之众可见一斑。这与当时的回民官员赛典赤·赡思丁父子长期在云南为官不无关系。我国幅员辽阔，国内的清真寺也因受各地区文化自然条件、建筑材料、建造技术等诸多因素的影响，而各有特点，由西向东、由北向南逐渐淡化了阿拉伯风格，本土化的趋势增强，新疆地区受到的影响较强到甘肃宁夏就有所减弱，而中原乃至云南地区已演变为当地传统建筑的形态了，如昆明现存的几座老清真寺都是土砖木结构、木构架、大屋顶、瓦屋面、有的也仅是在门窗洞口拱券的处理上留有细微的痕迹。然而尽管结构形式和外观处理上已出现较大差异，清真寺作为一类宗教建筑必然会有自己的特质内涵，有着与所有清真寺一脉相承的地方，因此较为严格的宗教活动功能与本土化建筑模式相统一的结果就使得昆明清真寺建筑有了它自己的特色。细看几座老寺，它们都具有一条东西向主轴线，西端设礼拜大殿（朝真殿），东面又有庭院、前房，轴线西侧为厢房，规模大的还有前后院，这样的布局完全同于老昆明的"四合院"、"一颗印"和"四合五天井"。而其所不同的也正是由宗教活动产生的功能要求所反映出来的特点，大致有以下几个方面，一是穿过前房庭院，礼拜大殿乃至后院的中心主轴线必须是东西方向，最好不偏，大殿坐西向东使礼拜者在跪拜时面向西方，也就是都面对着伊斯兰教圣地麦加的"克尔白"。我国处在位于阿拉伯半岛上麦加的东方，因此国内的清真寺几乎全部都是这一朝向。礼拜大殿大多独立布置，不与厢房接，以示其庄严性，主要由三个部分：入口处的檐廊（月台）、大殿（礼拜空间）和大殿内中心西面的"窑殿"（内空间的视觉中心）组成。

昆明地区的"窑殿"已演变为后突的壁龛形式，俗称"窑窝"。礼拜殿须脱鞋而入，席地而跪，殿内铺设条状地毯以供叩拜之用。须脱鞋，故昆明的老寺大殿门槛都通长设置，且宽大可坐，入口檐廊也比较宽敞适应较大人流时的使用。而大殿的规模则视附近教民的数量而定，多则大，少则小并无定制。昆明清真寺的特点除大殿以外还有以下几个功能设置可以反映出来：1. 须设"水房"（盥洗沐浴间），礼拜之前都要洗浴净身（大净、小净）教民要以洁净之身才入室礼拜；2. 厨房餐厅，清真寺都设有管理人员，而且在宗教节庆日有聚礼聚餐的习俗，因此一般设有厨房餐厅；3. 管理用房（教长、管事办公居住）；4. 停尸房，伊斯兰教处理先人后事须在清真寺举行一定仪式，故在有条件的寺院都设有停尸房；5. 较大的寺院设有专供研读"古兰经"学员的宿舍、教室，此项功能随着各地逐渐开办伊斯兰教经学院校已趋弱化；6. 宣礼塔，作为清真寺建筑的一个重要组成部分，随着社会发展其原来用做召唤教民礼拜的功能也日愈淡化转而成为一种象征和标志。所设位置一般在寺院入口前房中部或与厢房相接的转角处突出于建筑群，高低大小无定制。另外大殿前的庭院要具有一定规模，除必要的绿化环境外还能满足节庆日聚礼聚餐之用。昆明的老清真寺大多有部分房舍出租，特别是临街部分多为商铺，解决以寺养寺的问题。整座清真寺的主要入口视建设地点条件而定，一般以在前房中部和两厢房前部设置为多，无严格规定。以上即为清真寺从使用功能上看与其他老昆明各类建筑的不同之处。另外，还有一个较为突出的特点就是寺内的装修。所有的清真寺无论墙面、梁栋屋面，寺内的一切彩画饰物都不能出现动物形态及人形，一般都表现为花草植物、几何纹形，重要部位也可有阿拉伯文字的经文"圣训"出现。

改革开放以来，随着党的宗教、民族政策深入落实，昆明现存的几座清真寺开始了较大规模的维修改建工作。如 20 世纪 90 年代改建了南城寺、迤西公寺和茨坝清真寺，从改建的结果看大致有以下几个特点：1. 在总平面布置中保持了礼拜大殿的中心地位，并遵守了东西朝向的要求，及主要的室外庭院。而其他功能用房则按地形条件灵活布置，注意了交通组织、消防安全的规范性，并保证一定的环境绿化质量。2. 在礼拜殿的单体设计中都由过去单层改为多层建筑，清真寺多在城市繁华地段，"寸土寸金"，为充分发挥用地效益，多层建筑的方式是合理的。另外，竖向组织也会给使用上带来好处。礼拜殿一般两至三层，底层设厨房、餐厅，二层为主大殿，三层也设礼拜用的大殿，规模小些。"礼拜"是一项庄严肃穆的宗教活动，希望有一个相对安静的环境。礼拜殿设在楼层则可避免很多的外部干扰，也有利于大殿内的通风采光。3. 清真寺是一个广大教民的宗教活动场所，不无例外的也有一个管理的要求，而管理经费不足是长期存在的问题。因而在新改建时必不可少的设有部分商业用房。4. 新改建的清真寺最大的一个特点是其外观设计完全放弃了原来的形象，一律由大屋顶瓦屋面变为阿拉伯风格的大穹顶、拱檐以及更为强调了"宣礼塔"的阿拉伯样式。究其原因，除了现代建筑材料和技术能轻易地实现这一建筑形式以外，更重要的是广大穆斯林群众的审美心态发生了变化。这里有一个重要的宗教情结在起作用，伊斯兰教虽然在国内历史久远，但毕竟还是一个外来宗教，根在阿拉伯地区。近年来，国内穆斯林到麦加"朝圣"的人数越来越多，同时借助各种现代媒体信息，他们看到了大量原汁原味、纯正的阿拉伯传统风格清真寺，其宗教精神的归附及认同感被强化和激活，因而要求精神（宗教心态）与物质（建筑风格）的统一也就是自然而然的事了。

目前关于清真寺建筑风格问题在广大教民方面呈一边倒的状态，但凡事都不是绝对的，也会存有对"四合院"大屋顶、瓦屋面的留恋，它们毕竟与广大教民们相依相伴了数百年了。这就提出了一个新的题目，能否在设计中既保持阿拉伯风格，又融进中国乃至地方传统建筑的神采，达到"中西合璧"的效果，创造出广大穆斯林群众喜闻乐见的、富有自身特色的、新颖的清真寺建筑。

梦——我们的家

许 峻

(昆明市建筑设计研究院有限责任公司)

摘要: 在我们挟着"美好希望"奔向未来的一路上,我们扔掉了什么?未来的我们真正需要什么样的居住环境?答案也许就在我曾住的那些老房子里。

关键词: 昆明老街 老房子 功能混合 微循环 邻里 规模适宜 高密度低层

我生在昆明,在昆明长大,是一个地地道道的昆明人,儿时住过交三桥外来移民随意搭建的杂乱村落,还住过由尚义街"四合五天井"官家私宅改建的大杂院,后来住过民权街"前店后居、下店上居"的独栋民居。中国经济的腾飞伴随了我的成长过程,有一天我们搬进了单元楼,告别了早晨集体倒马桶、周末排队洗衣服、听着隔壁鼾声睡觉的日子,也告别了从小青梅竹马的玩伴、给家里送鸡汤的好心邻居,还有……以后家中又换了更好、更大的房子,跟随着中国改革开放的浪潮,昆明这个边陲小城市也建设着它的"美好明天",拆房扩路,建高楼,建小区,那些承载着我儿时美好记忆的场所没了、变了,我也长大了,成了一个搞建筑设计的。和大多数同行一样,掌握了一些让业主心动,让专家认可的设计方法和设计程序,把媒体上的外国的、中国的一切可利用的设计资源整合,包装后加予我们的社会、我们的人民。使昆明变得更接近其他发达的城市,我也在追随着一个个风头浪尖的设计过程里,愈来愈谙熟这样的工作方法、思维模式,而那些本应随着时间的飞逝变得越来越模糊的记忆,却随着我的成长不停的浮现在我的记忆中,而且一次比一次清晰,一次比一次强烈。在我勾画草图时,记忆中的一些东西不断地冲击着我的思想,她仿佛要控制我让她从那些草图纸上跳出来、活起来,她是什么东西呢?这个问题促使我回过头来仔细看一看,想一想在我们挟着"美好希望"奔向未来的一路上,我们扔掉了什么?未来的我们真正需要什么样的居住环境?答案也许就在我曾住的那些老房子里。

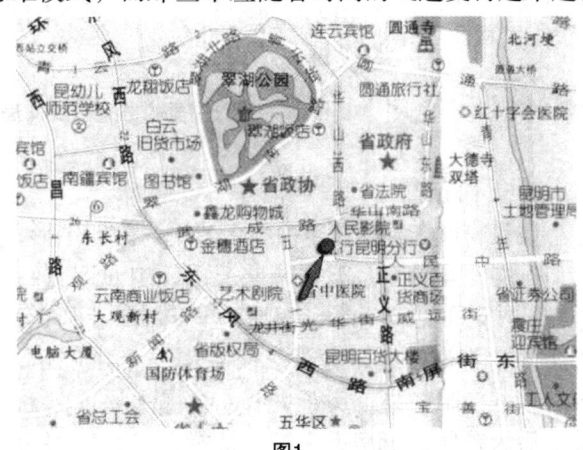

图1

童年时住过的老房中印象最深刻的是位于昆明市民权街中段的一栋沿街的民居(图1),我童年时在其中住过较长时间。

现凭借记忆将其建筑情况简要介绍如下:

一、建筑概要

1. 名称：某私宅
2. 所在地：昆明市原三菜巷中段（后改名：民权街19号）
3. 建造年代：约1940年建成（1998年已被拆除）
4. 设计者：不详
5. 施工者：中国工匠
6. 结构：砖木结构
7. 占地面积：约80平方米
8. 房高：约10米（至檐口）
9. 调查人：许峻

二、建筑结构情况和特征

1. 所处区域情况

建筑物所处的街道为一北高南低的缓坡，车行道为宽约6米的石板路，两侧是宽约2米的人行道。沿街建筑均为"下店上居"的三至四层高的民居，其后多是"一颗印"的院落民居，沿街每隔30米有一小巷使院落与街道连通，形成了昆明传统特色的"街—铺—居—巷—院"的城市空间体系及城市肌理。（图2）

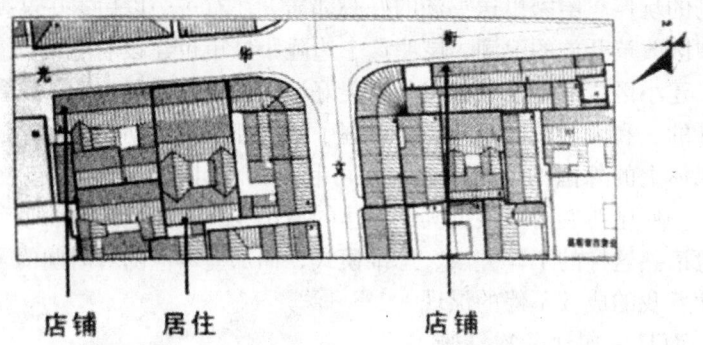

图2 昆明市光华街（局部）前店后居

2. 平面布置

建筑物面东背西，东面临街，平面为凹字形，类似三间四耳的布局，面阔共三间，中间面宽约3米，两侧面宽2.7米，南北两耳各有一间，南为房间，北为楼梯，房子三面各围一个小院子，内有水井一眼。整栋房子共有4层，一层前为商铺，后为餐厅、厨房、内院、楼梯，二、三层为居住房间，四层东侧为一阁楼，西侧有一个露台。（图3）

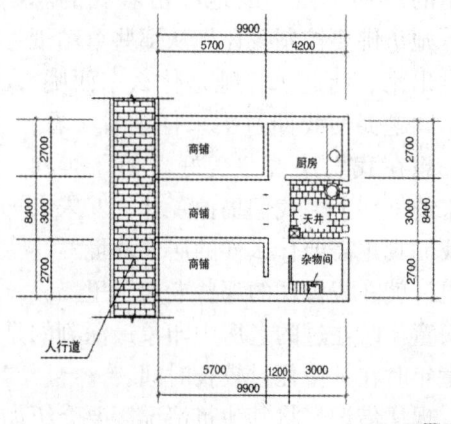

一层平面图

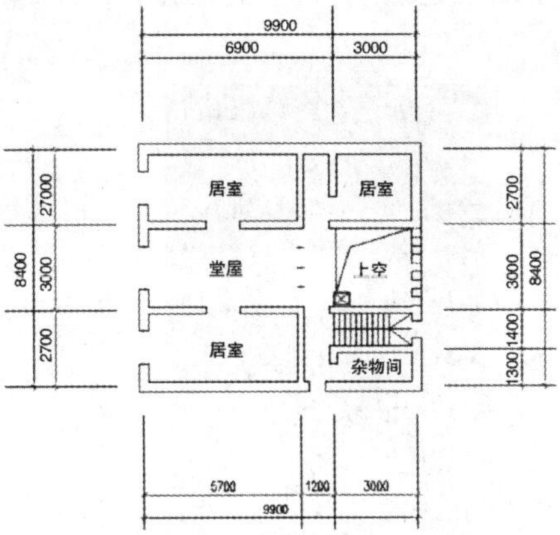

二层平面图 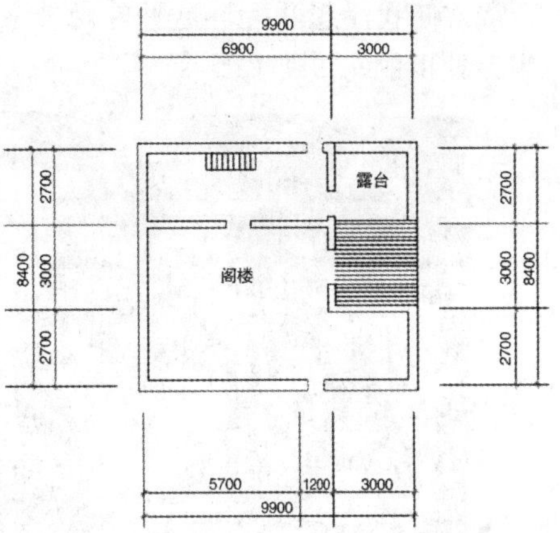　　　　　　　　　阁楼层平面图

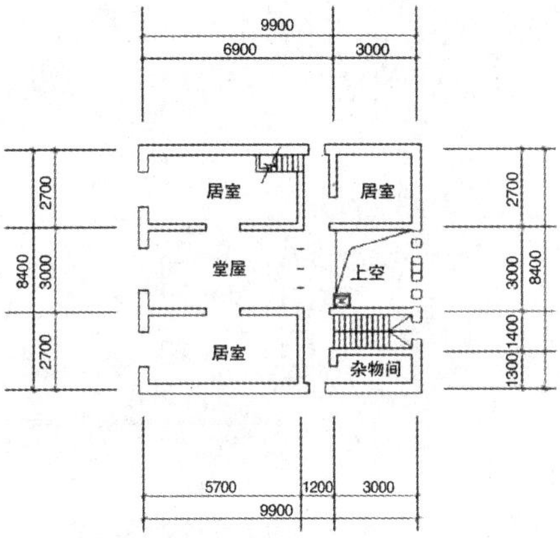

三层平面图 　　　　　　　　　屋顶平面图

图3

3. 结构与材料

砖木结构，横墙承重，墙体为粘土烧制砖砌筑。木梁、木龙骨、木地板、木屋架、筒板瓦屋面。

4. 立面设计

建筑物一层临街满开店门，店门为木制镶板门，绿漆饰面，二三层为砖墙，每间开有一窗，窗子下沿均有一道线条，墙身为黄色灰浆抹面，线条刷白，屋顶檐口出挑0.7米，设有铁皮排水槽，整体设计简洁、朴素，功能性强，无复杂装饰（类似建筑如图4）。

5. 内装修

与外面相比内装修则颇为华丽，除砖墙为白色石灰抹面外，楼梯、栏杆、扶手、内门均饰以精美的木制雕花，尤其是二、三楼堂屋四扇门上以西游记、八仙过海为主题的镂空描金木雕

图4

（图5），常常使我浮想联翩，这种外观朴素、内饰精美华丽的建筑风格，也折射出当年居家生活，为人处世的态度吧！

图5

三、建筑沿革

清末昆明市区内的商业街以正义路为主轴线，沿东西方向发展呈"鱼骨状"商业街区（图6），这样的商业格局一直延续到20世纪80年代。随着商业的飞速发展，民国政府于1940年左右扩宽三茶巷（后名：民权街），并对临街用地出售，很多私人购买用地后自建住房，本建筑正是在这样的历史背景下建造的。

20世纪40年代，现代的建筑工艺、材料波及昆明，许多建筑采用了砖木混合承重的结构形式，建筑高度达到了三层、局部四层的高度，外立面也带有少许现代主义的影子。但内部格局仍留有明显的四合院形式，房间也有明显的堂屋和卧室之分，由于受当时人口增加、宅基地小的限制已明显简化得多。20世纪50年代中国开展了私房改造运动，把私人的宅、院收归国有，并面向广大人民租住，我们家也就是在那时搬入该建筑的。那时这栋房子不再是一家人独有，而是多家人合住，包括周边的不临街的院落也同样的搬进了许多人家共同生活。原有的居民模式发生了彻底的变化，我的生活记忆也是从那以后开始的。

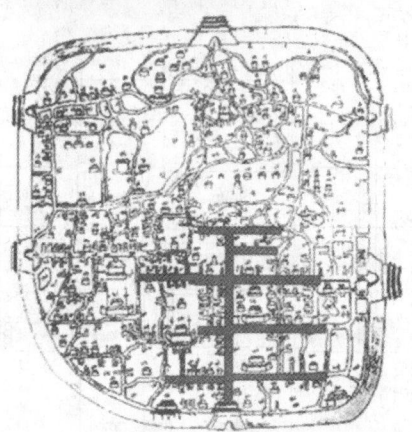

图6 清末昆明市商业街区模式

四、记忆中的生活模式

虽然使用者改变了，可大体的功能分区并没有改变，一层仍是商铺，一间租给了楼上的住户，开了个电器修理行，其他两间租给了外面的人开了小商铺。二、三层依旧住人，区别在于每个房间租给了不同的人家，

图7

甚至阁楼也有一家人居住。当然露台、院子和水井是整栋楼居民共用的，一层的厨房和杂物间由几家人合用，二、三层楼的杂物间变成了小厨房。

一栋楼一个院落由当初一家人独有，变成了多家人合住，人们的生活模式也改变了，在小范围内有了社会的交往活动，而且这一活动是在人群之间长时间、近距离了解认识的基础上产生的。

事件一：年轻的父母由于工作繁忙，白天会将年幼的孩子托付给楼内的老人照看，工作之余他们也会帮老人劈柴、挑水。（图7）

事件二：大人们可以放心地让孩子们在楼内的院子、露台上玩耍，孩子们一起做功课，一起游戏，学习如何与他人沟通、合作、分享……（图8）

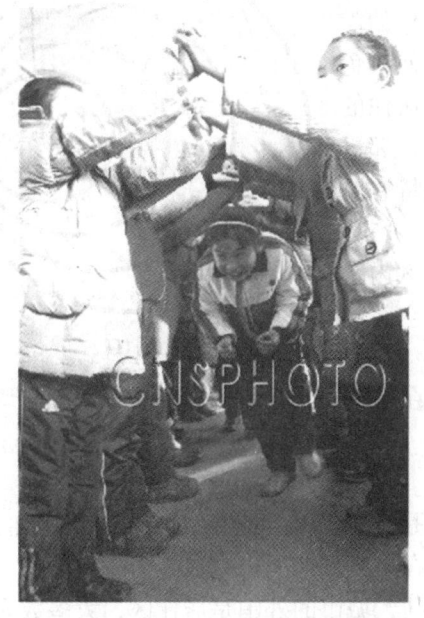

图8

事件三：由于一家一院的居住格局被打破，院门从以前的常闭变为常开，人们的交往活动很自然地延伸至街道上，街道白天是交通空间，夜晚则变成区域性交往空间，人们在街边纳凉聊天、打羽毛球……（图9）

图9

事件四：院门内的居住者数量不大，彼此之间较为熟悉，有陌生人进入或突发事件时反应较快，形成邻里间相互守望。

事件五：人们根据自己的工作、生活区域就近居住（住单位宿舍或就近租房），每天对交通的需求较少，大多数人在城市局部做微循环运动，城市中各个区域在不同时间段内人群的活动较均匀，不会出现某些时段的暴涨或真空，显得城市更有活力、更安全。

五、分析及评价

1. 微观层面

"凿户庸以为室，当其无，有室之用。"居住的本质其实也很简单，从环境行为学方面分析，人的居住的需求首先满足生理方面——一个遮风避雨的场所，使人免受冷暖之苦，保持健康；其次满足心理方面——居住的安全感、私密性、舒适性；再次则是社会方面——邻里的交往，社区的活动；最后是文化方面——形成特有的住区文化。

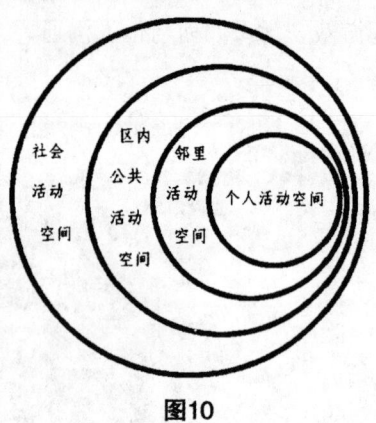

图10

居住活动由："个人活动"、"邻里活动"、"区内公共活动"、"社会活动"组成，因此我们的居住空间也应是分级划分的（图10）。

从以上方面上来讲，这种曾经在昆明普遍存在的民居，在单体和群落布局方面均很好地满足了人们对住的需求。

2. 宏观层面

直到20世纪80年代末，昆明城市中心一直是一个功能复合的区域，一个居住、商业、文化等场所混合的城市空间，大多数人可以方便在小区域范围内完成生活各项活动。现今的规划将中心区定为商业区，集中了大量的商业空间，城市的外围是居住区，大多数人每天在同一时段通过城市内外交通的节点，产生了巨大的交通压力。

微循环对于昆明这种小型城市来说更加适宜，整个城市的运行能耗大大降低了，城市空间也更加有活力、有特色了，现在欧洲许多中小城市仍采用这样的规划布局。

六、现状的反思

经济发展了，技术先进了，人口增多了，我们不断地更新着城市，在这个过程中我们学习发达地区、发达国家的经验方法，不应盲目地模仿。昆明从造城的规划到民居设计一直都保持着浓重的地方特色。这些精神不能因为物质的改善而被轻易抛弃了。昆明——中小型旅游城市的形象不可能依靠大规模的城市中心商业区来塑造；昆明——宜居城市的居住环境也绝不是以复制其他地区商业楼盘来完成的。

七、实践的开始

结合当前昆明的实际情况，我做了以下如图11的方案尝试，抛砖引玉，希望有更多好的东西不断出现在我们的城市环境中

1. 区域规划

在城市中心区的更新中保有一定比例的居住空间，城市中心区宜是高密度、低层，而不宜是低密度、高层的空间形态。进入城市中心区地面的机动车是低速度行驶的，地下是高速的交通干线。方便居住者在一定的范围内进行生活的微循环活动，减少交通工具的使用。

2. 住区功能组成

住区由四至五层建筑组成，住宅以90平方米小户型为主，辅以部分跃层大户型，并考虑住宅部分与商业部分空间使用具有可变性。

3. 分级空间的引入

将交通空间开敞，扩大转变为可以进入交流的邻里空间。小组团内有院子，有露台，家长在家中可观察到孩子活动，放心地让他们享受室外集体活动，老人们也在此与熟悉的邻居们交流着生活的琐事。由于规模的适当，人们在这个区域内是相对熟悉的，是可以放松的。

4. 景观及交通

大部分景观融入了每个组团的院落、连廊、露台上，由于居住者参与护理，绿化及景观设施得到很好维护。

交通干道采取地下通行的方式，减少对区内的干扰，结合地面景观设若干采光井，解决采光及通风问题。

5. 土地利用

区域容积率可达：1.76

综合容积率可达：1.5

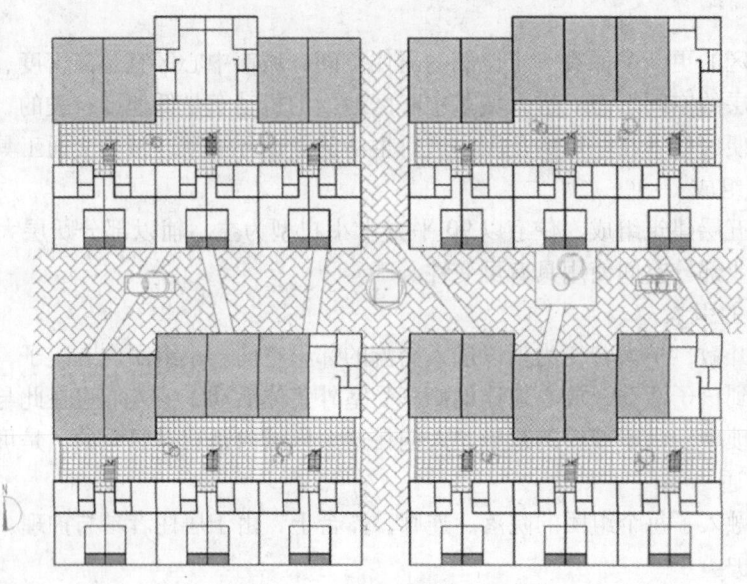

一层平面图

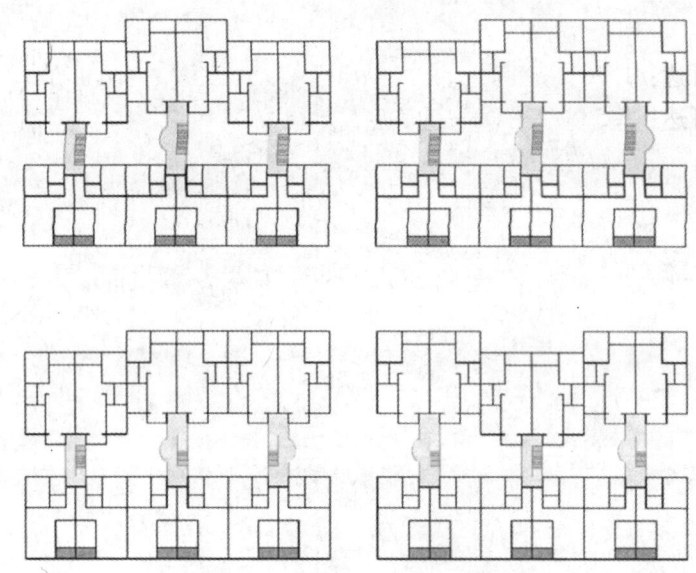

标准层平面图

剖面图

图11

中小型建筑设计企业做品牌才能立足于市场

蒋鸿兴

（昆明官房建筑设计有限公司）

摘要： 本文通过笔者创建设计公司十余年发展历程和经验，总结在市场竞争和社会化分工越来越细的情况下，中小型设计企业应以专业产品做精做细，做出品牌，创建特色产品，才能立足市场。

关键词： 设计市场　精品建筑　创品牌　官房设计

随着我国经济的持续发展和现代化进程的加快，城市建设推波助澜、高潮迭起，全国每个城市都发生了巨大变化。人们对城市建设规划和设计的认识越来越重要，无论是政府投资、企业投资或是中外合资、外企独资的开发建设项目，都对规划和设计提出了更高的要求。人们对城市的评价、对建筑的评价、对居住区的评价、对新楼盘的评价、对城市交通的评价不绝于耳，建筑产业已成为广泛关注的焦点话题……

一、昆明官房建筑设计有限公司发展历程

昆明官房建筑设计有限公司成立于1992年12月，前身是昆明市官渡区土地房屋开发经营总公司设计处，1996年改处升级为昆明官房建筑设计院，改制为股份合作制企业，1998年改制为有限责任公司，是云南省设计行业中首家推行现代股份制度的企业。公司具有甲级建筑设计资质、乙级城市规划资质和乙级市政设计资质。历经十余年的发展，公司已成为云南省乃至全国著名的设计企业。公司现有职工70余人，其中国家一级注册建筑师、注册规划师、注册结构师、注册设备师、注册电气及注册工程咨询师等共26人，高级工程师16人，工程师28人等，是一个年轻的精英设计团队，属于一个中型设计企业。公司的建筑品牌设计主要是星级酒店和居住小区项目。酒店设计以丽江滇西明珠、腾冲官房大酒店为代表，居住小区以金康园、云康园为代表。设计作品中获部优、省优、市优项目就有60余项。公司特点就是走专业化、精细化的发展模式，不是做大做强，而是做细做精，做品牌做精品，创出自身的企业品牌文化。

二、中小型企业的发展目标策划

目前的建筑设计市场竞争十分激烈，大型国有设计单位改制及中国加入世贸后外国设计机构的进入，建筑产业市场被激活，海归派设计事务所、名人设计工作室、外资和合资设计机构不断涌入市场，日新月异的建筑产品和丰富多样的设计风格接踵而至，对设计企业提出了更高更深的要求。而部分设计市场存在设计招标不公平、不尽合理、招投标支付补偿费用

太低、压价竞争、业主拖欠设计费等现象。建筑企业的投资者也日益成熟，我们中小型的设计企业只能提高对自身的要求，明确自己的发展目标，创立自己的特色品牌，才能立足市场。中小型设计企业发展要制定适合自身的近期目标、中期目标和远期目标。

1. 企业发展目标定位

昆明官房建筑设计有限公司在成长的前三至四年时间里，目标以官房开发公司房地产的开发项目为主，创建当地最好的居住小区，利用灵活的机制，招聘有志向的设计精英，创造自身的企业理念和建筑文化。而中期目标阶段是最重要的阶段，要创建一个充满激情、轻松的工作氛围，加快人才的引进和培养，通过业务提升人员素质，我们是以"精心设计、争创品牌"为目标，对内、对外承接重点工程项目设计，提升品牌的定位，做到创出优质品牌，创出特色精品项目，以建筑的品质代言企业形象，扩大企业的竞争力和影响力，并在五至六年内达到本地知名企业。企业的远期目标是以著名企业的标准来严格要求自己，我们以"繁荣创作、优化设计、创精品品牌、诚信服务"为目标，我们的建筑产品应是企业品牌风格和设计师们的智慧结晶，到了这一阶段，更讲求的是超越自我，完善自我，走出原有的发展氛围，与发达国家和地区的品牌设计机构协作，以自身所积累的企业建筑产品实力为基础，全面走向国内外市场，扩大竞争面，提升企业品质。这一阶段我们所完成的建筑产品不仅要被业主认可，还要被社会认可，被国内外众多人士赞赏，我们的建筑师也要走向社会，成为金牌设计师，我们的企业也要面向更广阔的天地，具有更科学、完善的企业运作形式，这才是我们所追求的远期目标。

2. 企业品牌产品的创立

中小型设计企业的品牌创立不同于大型国企，不是什么都做，而更以强项为主，做细做精，把强项特色钻透钻深，把强项产品做成名特优的品牌产品。昆明官房建筑设计有限公司在十余年城市规划、居住小区、星级酒店、商业办公、学校、医院、体育场馆等项目创作中，在居住小区和星级酒店设计上已达到了国内外先进水平，是公司特有的两大建筑品牌。

在云南，云南官房企业集团是房地产业领头羊，其所开发建设的项目均源自官房设计公司所创作。十余年的住宅设计经验，练就了官房设计公司的主打设计品牌——高尚居住小区。1997年公司承担了国家小康示范小区"昆明金康园"项目，在规划设计中我们吸取了国内外许多经验，并按二十年可改造、三十年不落后来要求，在设计中充分为住户着想，完美体现人与自然的和谐，住区使用功能齐全、配套设施完善、环境舒适，在1999年竣工交验时受到国家领导和建设部多位部长的好评，该项目获国家规划设计金牌，推动了云南省和全国的小康示范小区建设，做出了自己的品牌。后来的住宅设计作品，我们每项都要求按精品来做，力争多创精品和优秀设计工程设计项目，从蒙自红竺园省级示范欧式本土特色小区到腾冲边地文化九隆名居小区，从贵阳歆欣园山地建筑省级示范小区到玉溪中原文化锦湖园、玉湖园，从金实西区江南水乡民居建筑到金色年华Ⅰ、Ⅱ区高层商住，以及近来开发的2003年的昆明云康园月牙塘中国人居环境与新城镇发展推进工程金牌建设试点项目，并获全国双节双优住宅方案竞赛金奖、亚洲人居环境规划设计创意奖，人们争相购买，"要买房，找官房"在社会上广为传颂，官房品牌住宅项目已深入人心。我们规划方案设计经验丰富，施工图设计善于优化，我们提出"以节约业主每一分钱为荣，以浪费业主每一分钱为耻"，我们成立了建筑技术研究中心，对每一个项目进行总结研究，促使我们的设计项目更科学合理，更具风格特色，一个比一个更精彩。

其次，堪称省内乃至国内外主打设计品牌——星级酒店设计。十多年前，官房企业集团开始涉足省内酒店行业，从市场策划、产品开发、设计创作甚至经营管理等，一条龙运作。昆明官房建筑设计有限公司作为设计龙头，全面参与策划和开发过程，昆明官房大酒店、丽江官房五星级大酒店、腾冲官房五星级温泉花园大酒店、红河官房五星级大酒店、曲靖官房五星级大酒店、丽江官房滇西明珠产权式五星级大酒店项目应运而生。其中，丽江"滇西明珠"项目是云南省第一个全产权式五星级分时度假酒店和高尚别墅项目，是一种新型的房产投资和消费方式，符合现代经济资源共享的原则。在规划设计中，既要考虑酒店的功能要求和经营管理，还要考虑将酒店划分为无数个产权来销售，要有统一和相对独立性。我们采用纳西民居院落式组合布局，颇具纳西风格的建筑单体、充分借用玉龙雪山的景色和整个酒店景色融为一体，该酒店入住游客赞叹流连，吸引了众多投资者，也成为全国各地酒店设计者纷纷参观学习的对象。而红河官房大酒店、腾冲温泉花园酒店、曲靖官房大酒店等项目设计跳出传统的设计方式，在建筑理念、整体布局、环境营造、生态绿化上精雕细琢，运用当地建筑材料和建筑文化形态，充分挖掘云南本土文化建筑特色，把当地特色建筑符号创造性的运用在建筑创作之中，结合现代建筑的精髓神韵，对"酒店建筑设计"的要领赋予创造和完善，力求创作出具有"生命力"和"时代感"的建筑。酒店设计中公司有三个五星级酒店均获得云南省优秀建筑工程设计一等奖，一个获省优三等奖，一个获鲁班奖，官房建筑设计公司的酒店设计早已不在是单一的建筑设计，更积累了丰富的设计经验和独特的酒店建筑文化，形成品牌产品。继集团丽江滇西明珠产权式酒店推出后，大连圣达集团、西安阳光集团主动邀请我公司进行酒店设计。

除集团项目外，公司也承接另一些高品质的项目设计，公司定位为力求建立以重点品牌为主打，开创多种类型的业务网络，全面提升公司业务能力，红河州博物馆、红河州图书馆、红河州大剧院、红河青少年活动中心、红河国税局办公大楼、蒙自一中和职中新校区、昆三中和昆十一中教学楼、建水县医院、云南省工商行政管理办公大楼、丽江体育中心等项目一举中标。近年又承担了大板桥印刷园区、呈贡国际物流园区、园博印象城、官渡森林公园、大连长海旅游度假酒店等等项目设计任务。我们在每一个项目设计中，以精以细出发，运用简练的"建筑符号"和恰当的"尺度空间"以及"协调的色彩"组合，以合理实用的功能结合外立面去创作、去表现、去展示。每个建筑项目都精雕细作，大胆策划创新，树立了自己的建筑特色和品牌产品。

3. 品牌开发与业主稳定的战略合作

品牌开发与业主稳定的战略合作息息相关。由于官房设计公司承揽官房集团内所有的建筑产业项目设计任务。因此也就为公司品牌开发和建筑设计的创作提供了良好而稳定的展示空间。而集团推出了众多的住宅和酒店项目，这样就为这些项目设计研发创造了有利的条件，形成了具有特色的业务发展方向，建立了稳定的战略合作伙伴。公司要求在设计中注重沟通、注重理解，崇尚集体智慧，群策群力，以精心创作为主，把客户的要求与设计师们的创意协调处理，无论工程大小，均认真对待，真诚服务于每位客户，做到精心创作、精品设计、诚信服务，在建立公司的信誉的同时，也深受到业主的尊重和好评。

中小型设计企业的发展定位，便是要找准自己的强项，做出自己的拳头产品，做细做精，有品牌为代表，自然业主会主动找你，有相应稳定的业主，才能占领市场。有了较好的拳头产品，我们还要建立良好的品牌定位。品牌是智慧的结晶，价值的体现，昆明官房建筑设计有限公司在十余年的发展中，这样一个中小型企业一路走来，总在不断的成长中总结、学习和改进，通过长期实践及对建筑设计有益探索创造，才做出了自身的建筑风格和文化，做出了自己的特色建筑产品，创造了自己的企业品牌理念，创作出了建筑精品，也创作出了建筑特色，创造出了既代表云南建筑特色，又具有现代建筑风采的"官房"品牌建筑文化和建筑理念。

三、品牌品质的追求

品牌品质的追求是现代中小型设计企业发展的源泉和动力。昆明官房建筑设计有限公司十余年来注重人才、注重质量、注重管理，苦练内功，塑造自身实力，不断超越自我，发展着企业品牌文化。

1. 人才的追求

公司提倡尊重人才、尊重自己、尊重别人，树立企业形象、个人形象，发扬企业文化，发扬团结协作和团队精神。"以人为本"是公司提出的首要要求，企业竞争是人力资源的竞争，公司先后吸引了数名设计精英加盟，同时，公司十分重视人才的引进、培训，注重全面提高职工素质，不拘一格使用人才，为人才的发展提供良好的物质和精神土壤。公司每年均拟订培训计划，安排人员赴日本、美国、欧洲各国及国内沿海发达城市进行考察，先后多次组织人员外出参加各类房交会、设计节、建筑作品展等，也邀请有学术见地的行业知名人士前来公司进行学术交流、指导，借鉴发达国家和地区的设计经验，开拓设计人员视野，使公司作品争取达到国内、国际先进水平。

公司讲求建立梯形员工队伍，让德才兼备、有责任心、有创造力的高素质员工充实到队伍中来。公司按"引得进、留得住、用得上"制定了激励机制，同时采用项目负责人责任制，项目负责人要求不但要有协调能力，还要有组织能力和解决问题的能力，要能独当一面，承担更多的任务。公司希望员工之间、干部之间、部门与部门之间加强沟通，达到相互理解、相互关心、相互尊重、团结合作，以一个优势的高素质团队迎接新的社会发展。公司树立员工积极、勤奋、乐观、顽强、自信的心态，让员工成为企业的主人翁，勇挑公司大梁。

2. 质量的追求

质量是公司的生存之本、立足之基，公司以"繁荣创作、争创品牌、精心设计、诚信服务"为质量方针。公司对质量要求十分严格，在质量上建立严格的三级校审制度，每个方案均进行二至三个比选，并建立了方案、初步设计、施工图、出图四个阶段评审工作和竣工验收后的综合评审制度，从功能性、安全性、政策性、可信性、可实施性、适应性、时间性这七大建筑特性对建筑成果进行考评量化打分，把好质量关，提升质量水平。影响质量和信誉的原因有三：其一，任务多，人手少；其二，事先没有充分研究和策划，方案做不细、做不精；其三，业主项目设计发生变更，导致重新设计。对此首先我们采取了有选择性的承接项目，不能认为项目多，就是能力强，这样既做不好项目，也对业主不负责。选择性承接项目，既发挥了我们的设计特长，也提高了产品质量。其次，我们在设计项目中以"不蛮干、不乱干"来要求自己，每个设计项目承接后要求吃透设计任务内容，做好前期策划和调研，甚至参与市场需求研究，对项目全面定位，要树立销售意识、市场意识、成本意识，好的设计作品不是单一追求形式，单一追求空间关系和外部美观，我们讲求前瞻性也要讲求可操作性，讲求真正创作出经济而合理的设计精品。

3. 科学的管理体制

良性、科学的管理体制是公司发展的前提，公司以"诚信、务实、积极、严谨"为管理宗旨。"经营与创作分离"的管理模式，动态的内部管理体制，为每位员工搭建了良好的舞台，创造一个宽松、愉悦、健康、有活力的环境，使员工能全身心的投入工作之中。目前，在设计行业中大多为设计与经营同时运作，设计人员在忙设计的同时又要完成经营任务，处理拟合同、签合同及与客户沟通等工作。这样设计人员分散了精力，不能专心设计。而我公司专门设有生产经营办作为对外经营、服务的窗口，统一对任务和客户进行管理，协调处理经营事务。设计人员只需发挥所长、专心设计，做好创作和服务，运行下来既合理又科学。公司建立绩效考核制度，定岗定责，做到岗位明确、职责明确、分配明确。实现岗位与待遇挂钩，体现按岗分配、劳有所得、奖优罚劣、优质优酬的分配制度。该绩效考核在年初与员工签订岗位责任书，并以准则要求的各项岗位责任完成情况进行评分，这样工作岗位明细化，职责权限明确化，方便了管理，也量化了考核。公司提倡"为社会创造精品、为国家和社会创造财富、为员工和集体价值观体现到位"的企业价值观。员工个人的价值观与企业的价值观要吻合，员工要对公司的价值观有深深的信任和坚定信念，要以建筑产品价值的提升、员工自身价值体现来完善我们的企业价值观。

四、研发品牌，创建精品设计企业

"专业化创作、精细化设计，交流与合作、研究与开发"是公司提出的发展目标。在倡导创新的基础上，公司注重设计的策划与研究，注重设计创新与开发。公司成立了建筑技术研究中心，主要完成建筑产品的研发、建筑信息的收集和整理、建筑工程技术的研究、项目总体方案的研究评审工作，其运作方式主要是服务项目、课题研发、信息咨询，该中心利用自身平台优势，对我们已有的品牌资源进行整合分类，也定期收集国内外建筑设计的各种优秀方案，分析各类民用建筑方案和成果，为我们的项目提供相关决策信息，为我们的设计提供有效的素材。同时，我们要研究国内外建筑、结构、水暖电的各类新技术、新型材料，加以掌握和应用，该中心是一个技术性的权威部门，也是一个品牌型的信息部门。另外，该中心将注重项目策划，研究项目前期运行方案，以控制成本、节约投资为原则，针对一些项目进行技术指导和分析，对方案进行优化比选，使我们的建筑设计做到"严谨合理、科学有效、经济美观、适用可行"。

随着我国加入WTO，世界经济趋向一体化，给了我们更多发展机遇，同时也将面临更大的挑战，竞争也将日益激烈，竞争就意味面临着达尔文进化论所说的"适者生存，不适者被淘汰"的局面。因此国内设计企业，特别是中小型设计企业，更应加快发展步伐，创立自身特色，做出品牌文化，才能在竞争中占有市场、树立生存之道。

在设计行业的汪洋大海中，我们仅风帆一叶，我们将充满自信、大胆探索、努力创作，力争呈献给社会更多更好的精品设计项目。

建筑结构与施工

开洞对高层建筑静力风荷载的影响研究

秦 云[1]　张耀春[2]

（1. 昆明市建筑设计研究院　2. 哈尔滨工业大学土木工程学院）

摘要：立面开洞是建筑实践中的常见现象，至今，国内外有关洞口设置对高层建筑风荷载影响的研究还很少。洞口形状、位置及开洞率等都是影响建筑静力风荷载的因素，借助计算流体动力学（CFD）大型商业软件 Fluent 6.0，进行了大量的数值模拟分析，研究了相对风压和基底倾覆力矩系数与开洞率间的关系，给出了中部和下部开口情况下的相关方程。同时探讨了底部开洞情况下，洞内风速的增大效应与洞口大小和来流方向之间的关系。所得结论可供工程研究和抗风设计参考。

关键词：开洞高层建筑　计算流体动力学（CFD）　静力风荷载　风压分布　洞口风速增大效应

一、前言

近年来，在城市建设中立面开洞的高层建筑或者几座建筑物用若干楼层连为一个整体的连体建筑不断涌现。有关开洞高层建筑的风荷载，无论是风压、风载体型系数还是风振系数等，都还没有相关的规范条文作出规定[1]。

洞口的几何尺寸、位置和设置目的千差万别，很多是出于建筑功能和建筑立面效果的考虑，基本上都没考虑开洞对建筑风荷载的影响。相关研究报道很少，且存在一些不一致的地方。据介绍，日本 NEC 大厦[2]（44层，196m 高）在建筑物中部 13～15 层设置了一个三层楼高的洞口（44.6m×12.6m），该洞口面积仅占建筑迎风面积的 4.5%，但当风平行于洞口作用时，可较不开洞情况减小总风力 25%。哈尔滨工业大学土木工程学院与汕头大学风洞试验室联合进行的开洞高层建筑模型风洞试验结果表明，开洞对作用于建筑上的总风力确有减少，但不如注释 2 描述的那么显著[3]。日本学者 Hitomitsu Kikitsu 和 Hisashi Okada 进行的减少高层建筑气动力响应的风洞试验结果表明：开洞在一定范围内能显著改变高层建筑的气动力特征[4]，合理开洞可以有效降低结构在一定风速范围内的风致气动力响应，提高结构的临界风速，避免结构在使用过程中发生风致失稳振动。对于均匀开洞（开洞率为 R）的信号牌或片式广告牌结构[5]，ASCE-7 认为当 $R<0.3$ 时洞口对风荷载没有影响；澳大利亚标准认为：开洞后的风荷载折减因子为 $C=1-R^2$；C. W. Letchford 的试验表明：$C=1-R^{1.5}$。

为了更深入地了解洞口相关参数对开洞高层建筑静力风荷载的影响，本文借助 Fluent6.0，作了大量的算例分析研究，所得结论可供工程研究和抗风设计参考。

二、Fluent6.0 计算分析的若干问题

1. 计算模型和计算域

计算模型轮廓尺寸 $B \times D \times H = 162\text{mm} \times 162\text{mm} \times H\text{mm}$（洞口 $b \times h$），几何缩尺比 $1:S = 1:300$（图1，图中仅给出了矩形洞口时的模型情况。开圆形洞口时，洞口中心与矩形洞口的一致）。模型置于断面为 $3\text{m} \times 2\text{m}$、长度为 4m 的计算域内，模型中心距入口边界 1.2m。最大堵塞度为 2.43%。计算域采用非结构化四面体单元进行网格划分，模型表面的三角形网格最小尺寸为 5mm。

2. 边界条件

入口来流条件：来流为具有代表性的 C 类地面粗糙度剪切流。风剖面（模型比 $1:S$）的表达式为：

$$V(z) = V_{10}(Sz/10)^{0.22} \tag{1}$$

10m 高度处的风速 $V_{10} = 7.148\text{m/s}$，自模型底部（或风洞底）计算 z。

来流湍流特性通过直接给定湍流动能和湍流耗散率值的方式给出：

$$k = \frac{3}{2}[V(z) \cdot I]^2, \quad \varepsilon = 0.09^{3/4} k^{3/2}/l \tag{2}$$

其中：l 为特征湍流尺度。

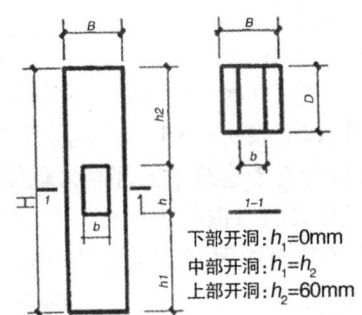

图1 模型示意图

在风场模拟中，我国现行规范还没有明确的湍流度要求。本文中的湍流强度采用澳大利亚规范中相应于第3类地面粗糙度的强度，其回归表达式为：

$$z \leq 5\text{m 时}, I = 0.271; \quad z > 5\text{m 时}, I = -0.0357\ln(z) + 0.3255 \tag{3}$$

实际上，湍流度对结构所受静力风荷载的影响较小，而对脉动风载效应影响较大（规范中是通过风振系数来考虑的）。计算也表明来流湍流度一定范围内的变化对计算结果的影响可以忽略不计。

来流边界处的风剖面 $V(z)$、k 和 ε 均采用 UDF（用户自定义函数）编程与 Fluent 实现对接。

计算域出口条件：流场任意物理量 ψ 沿出口法向的梯度为零。即

$$\frac{\partial \psi}{\partial n} = 0$$

计算域上、下、左、右及模型各表面：无滑移。

3. 求解方法和收敛控制

数值模拟依据的控制方程为连续性方程和纳维-斯托克斯方程（简称 N-S 方程），选

择具有较高精度和通用性的雷诺应力方程湍流模型（RSM）来模拟流场的湍流特性，其中的经验常数采用 Fluent 6.0 程序的缺省值。

为保证计算的数值稳定性，离散化处理控制方程对流项时采用一阶迎风格式。考虑壁面存在对流场的影响，利用非平衡壁面函数（Non-equilibrium wall functions）来修正 RSM，以使 RSM 适用于近壁面区域。采用由 Pantakar 和 Spalding 提出的 SIMPLE 算法求解有限体积积分得到的流场压力速度相关方程，引入多重网格技术来消除单一网格技术难以消除的低频慢变误差。监测 12 个 RSM 下的控制方程迭代残余量和模型多个表面的风压系数变化，当所有控制方程的相对迭代残余量均小于 5×10^{-4} 且同时监测得到的表面压力系数基本不发生变化时，认为所得流场进入了稳态。

三、计算结果及分析

1. 无洞口情况计算结果

表 1 给出了 $B\times D\times H = 162mm\times162mm\times600mm$ 方柱体模型的计算结果，其中序号 1 一栏给出了来流垂直于模型正面时（$\theta = 0°$）、无洞口模型各表面平均风压系数的计算结果，据此换算，得到正面、侧面和背面的风载体型系数分别为 0.911、-0.760、-0.507，现行规范的相应值分别为 0.8、-0.7、-0.5，计算值较规范值约分别偏高 13.9%、8.6% 和 1.4%，两者吻合较好。

2. 洞口位置的影响

考虑 $54mm\times90mm$（小洞口）和 $72mm\times120mm$（大洞口）两种洞口尺寸，对上、中和下三种开洞位置情况进行了计算，数据表明：（1）建筑立面较高位置开洞，对基底所受倾覆力矩的减小较为有利。当洞口位置处于建筑中上部时，顺风向总体平均风压力基本不随洞口的具体位置发生变化。（2）下开口洞口内各表面较其他洞口位置具有更高的风载体型系数，下部大（小）开口洞口侧面和顶面的风载体型系数分别高达 -1.749（-1.381）和 -1.607（-1.588），相关试验结果分别为 -1.72（-1.64）和 -1.78（-1.58），吻合较好[6]。（3）并非洞口越小，洞内负压越大，洞口内的风载体型系数与洞口大小、洞口位置、建筑本身对来流的阻挡效应等因素有关。（4）开洞对建筑正面和背面的风压系数均表现为减小效应，但在侧面和顶面则可能是增大或者减小效应。

相关分析表明，洞口对风产生的局部加速作用，使得洞口侧壁和顶、底面的大部分区域在大部分风向角下均承受负压作用，负压在接近前缘部分较大，而在后部则大为减小；开洞能有效地减小建筑物的受荷面积，并将正压直接引入尾流区，减小背风面所受的负压作用，从而可以显著减小建筑所受的总体静力风荷载；当风向与洞口方向平行时，基底所受总平均风荷载得到了最大限度的降低。由此可见，沿建筑物所在地的主导风向设置洞口，对建筑抗风较为有利。

3. 洞口形状的影响

在洞口面积和中心位置分别与前述两种大、小洞口情况相同时，表 1 中序号 8 和 9 的结果给出了中部开方形洞口时计算所得两种大小洞口模型外表面和洞口内表面的平均风压系数；表 2 给出了中、上部开圆形洞口时计算所得四种情况下的模型外表面和洞口内表面的最大负压系数。表 3 给出了有洞口情况下，总体平均风压系数 C_Y 倾覆力矩 M_x，及其与无洞口情况相比较的结果（无洞口情况下的风压和弯矩系数相对值 β_{CY} 和 β_{mx}，均定义为 1）。

由表 1 可见，方形洞口时，两种洞口情况下侧面的平均负压系数相差不大，顶面上小开洞的约高出 10%。大洞口内的平均负压系数高于小洞口的，这再次证明了并非洞口越小洞内负压越大。在背面洞口下端两角部，可观察到与局部漩涡形成密切相关的局部最大负压及其风压梯度特征（图 2）。

表 1　矩形洞口时的模型表面平均风压系数 C_P（162mm × 162mm × 600mm）

序号	洞口	洞口 b × h (mm)	正面	侧面	背面	顶面	洞口内		
							顶面	侧面	底面
1	无	——	0.632	-0.528	-0.352	-0.615	——	——	——
2	下	54 × 90	0.610	-0.548	-0.352	-0.547	-0.599	-0.479	——
3	中	54 × 90	0.594	-0.496	-0.337	-0.612	-0.541	-0.465	-0.422
4	上	54 × 90	0.595	-0.479	-0.320	-0.637	-0.454	-0.512	-0.592
5	下	72 × 120	0.587	-0.538	-0.348	-0.622	-0.792	-0.718	——
6	中	72 × 120	0.577	-0.534	-0.296	-0.740	-0.513	-0.419	-0.392
7	上	72 × 120	0.561	-0.474	-0.308	-0.664	-0.451	-0.496	-0.585
8	中	93.0 × 93.0	0.541	-0.587	-0.332	-0.751	-0.470	-0.391	-0.354
9	中	69.7 × 69.7	0.561	-0.604	-0.348	-0.829	-0.449	-0.316	-0.299

由表 2 和表 3 可见，相同尺寸的圆洞，开在中或上部时，模型正面、背面的平均和顺风向总体平均风压系数基本相同。洞口位置相同时，大、小两种洞口情况下洞内的最大负压系数相差小于 5%。不同开洞情况下的侧面和顶面负压平均值有所差别。大开洞较小开洞对减小基底倾覆力矩更为有利。小开洞情况下，上开洞减小的基底倾覆力矩约为中开洞情况下的 1.8 倍。但大开洞情况下，两个部位开洞减小的基底倾覆力矩相差不大。

表 2　圆形洞口时的模型表面平均风压系数 C_P

序号	洞口及直径 D (mm)		正面	侧面	背面	顶面	洞内最大负压
1	中	104.88	0.537	-0.628	-0.298	-0.759	-1.27
2	上	104.88	0.537	-0.576	-0.307	-0.741	-1.41
3	中	78.66	0.562	-0.619	-0.338	-0.878	-1.32
4	上	78.66	0.553	-0.666	-0.329	-0.792	-1.45

表 3　总体平均风压系数 C_Y 和倾覆力矩 M_x

序号	洞口及形状	洞口尺寸	C_Y	β_{CY}	M_x	β_{mx}
1	无	——	0.985	1	-3.60	1
2	中、方	69.7 × 69.7	0.908	0.922	-3.37	0.936
3	中、方	93.0 × 93.0	0.873	0.886	-3.18	0.883
4	中、矩	54 × 90	0.931	0.945	-3.40	0.944
5	中、矩	72 × 120	0.874	0.887	-3.22	0.894
6	上、矩	54 × 90	0.914	0.928	-3.34	0.928
7	上、矩	72 × 120	0.870	0.879	-3.06	0.850
8	中、圆	78.66	0.90	0.914	-3.342	0.928
9	上、圆	78.66	0.882	0.895	-3.158	0.877
10	中、圆	104.88	0.835	0.848	-3.076	0.854
11	上、圆	104.88	0.844	0.857	-3.048	0.847

图3给出了圆形开洞、$D=78.66$mm时，各表面的风压系数分布。中部开圆洞时，洞口对正面和背面风压的影响主要集中在洞口周边一定范围内，在远离洞口的区域，风压分布与无洞口情况相比，没有显著差别；从背面洞口周边的风压分布特征可见。与矩形洞口不同，圆形洞口不会导致洞口周边小范围内的负压显著增加，来流由圆形洞口穿过进入尾流区时，不会在洞口周边局部产生明显的漩涡。洞口的存在导致侧面风压分布呈现明显的不均匀性，侧面最大负压均在左上角部出现，较无洞口情况约增加了25%。上部大开洞，将导致侧面最大负压出现在洞口中心标高来流侧边缘，但此时最大负压系数较上部小开洞时的约低10%。四种开洞情况下的模型顶面最大负压相差不大。

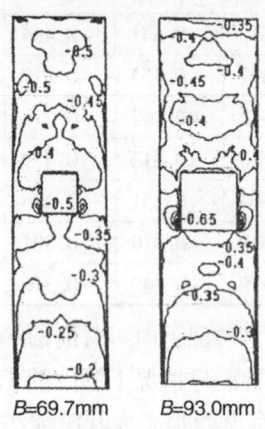

图2 背面风压系数分布　　　图3 模型表面风压系数分布 (78.66mm)

圆形洞口内的最大负压系数高于方形洞口内的。洞口面积和位置相同时，圆洞更有利于减小顺风向总体平均风荷载，中部大和小开洞情况下，开圆洞较开方洞分别约多减小了30%和10%的顺风向总体平均静风压力作用。

4. 开洞率对基底倾覆力矩和总体风压的影响

集中开洞时，为了研究开洞率对静风荷载的影响，进行了大量的分析，图4给出了162×162×H的中开洞模型（H分别为600、750和900mm），洞口尺寸（宽×高）分别为36×81、54×90、72×120、81×150、81×216、108×216和108×300时，模型基底倾覆力矩和总体风压相对值的计算结果。

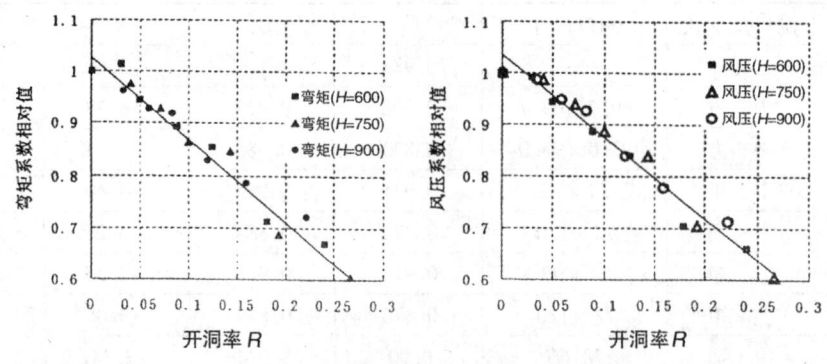

图4 中部开洞时 R 与总体静载的关系

由图可见，洞口越大，减小的风荷载越多；中部开洞时，洞口设置对风压和弯矩的减小效应程度大体相当，由此可以推断高层建筑的静风压力中心在邻近建筑半高位置处。弯矩系数相对值β_{mx}，或风压系数相对值β_{CY}与R间的关系可线性回归得到：

$$\beta_{mx} = -1.5028R + 1.0214 \quad (4)$$

$$\beta_{CY} = -1.5325R + 1.0265 \quad (5)$$

公式（4）、（5）的线性相关系数分别为0.982和0.985，远高于显著性水平$\alpha=0.001$下的临界值$r_{0.001}=0.665$（$n=21$）。

对于几何尺寸为$162\times162\times600$的底部开洞模型，表4给出了六种情况下的模型基底倾覆力矩和总体风压计算结果。

此时，β_{mx}、β_{CY}与R之间的关系可用线性回归得到：

$$\beta_{mx} = -0.6863R + 0.9947 \quad (6)$$

$$\beta_{CY} = -1.0613R + 1.0043 \quad (7)$$

式（6）和（7）的线性相关系数分别为0.979和0.978。高于显著性水平$\alpha=0.001$下的临界值$r_{0.001}=0.925$（$n=6$）。

为了验证式（6）和（7）对其他截面相同，但高度不同的模型的适用性，对高度分别为200和400mm、底部洞口尺寸均为54mm×90mm的两个模型进行了计算，结果表明：以CFD计算值为比较基准，根据式（6）和（7）得到的β_{mx}（β_{CY}）的预测值，相对误差分别为1.80%和1.11%（2.06%和-2.67%），计算与预测吻合较好。

表4 底部开洞模型的总体平均风压系数和基底倾覆力矩（$H=600$mm）

洞口	无	36×81	54×90	72×120	81×150	81×216
R	0	3%	5%	8.9%	12.5%	18%
M_X	1.80	1.731	1.72	1.70	1.653	1.554
β_{mx}	1	0.962	0.956	0.944	0.918	0.863
C_Y	0.985	0.947	0.963	0.935	0.874	0.783
β_{CY}	1	0.961	0.970	0.949	0.887	0.795

表5 模型底部开洞后洞口内风速增大效应系数（$b\times162\times600$）

序号	1	2	3	4	5	6	7	8	9	10	11	12	13
θ	0							10	22.5	35	40	45	67.5
洞口	36×81	54×90	90×54	72×120	81×150	36×81	72×120						
C_V	2.24	2.45	2.77	2.50	2.46	2.44	2.41	2.39	2.94	2.45	2.50	2.67	2.14
b（mm）	162（模型迎风面宽度，余同）						324	162					

注：表中考虑的风速为距风洞底0.00667m（相当于实际情况下距地面2m高度处）的风速。θ为来流与洞口方向的夹角。增速效应系数$C_V = V_{max}/V_2$，V_{max}为洞口距风洞底面0.00667m高度处（实际建筑洞内距地2m高度）的最大风速。表中洞口尺寸为：宽×高

根据已有的CFD计算结果，可以推断：洞口形状和位置相同时，β_{mx}或β_{CY}与R之间呈线性关系，对于不同的开洞形状或位置，直线的斜率会有所不同。对于下开口情况，β_{CY}随R的减少快于β_{mx}随R的减少速度，而上开口情况下则正好相反。具体的关系曲线表达式，在一定程度上还与建筑的宽厚比和高宽比有关。

5. 洞口风速增大效应

建筑物在底部开洞后，洞口内的风有如高楼之间人行道上的风，风速有增大现象，对建筑风环境有不利影响。为了探讨该问题，对高度为$H=600$mm、截面宽度和洞口尺寸如表5

所示的模型进行了 Fluent 分析，计算中假设距风洞底面 0.00667m 高度处（在实际建筑中相当于距地 2m 高度）的远处来流风速为 $V_2 = 5.017$m/s。

计算结果如表 5 所示。从表中数据可以看出，当风沿洞口方向吹过时（$\theta = 0°$），并非洞口越小增大效应越明显，而是当洞口大小处于一个中间值时（3、4 工作情况），增大效应较为显著。当洞口尺寸一定时，洞口内风速的增大效应与 θ 有关，当 $\theta = 22.5°$ 时，增大效应系数取得最大值 2.94。从总体上看，底部开洞情况下，洞口内风速的增大效应系数均在 2.1 以上，使洞口内的最大风速接近或超过模型顶面标高处的远处来流风速。这在建筑风环境设计中应当引起注意。

四、结论

（1）在建筑立面较高位置开洞，对基底所受倾覆力矩的减小较为有利，当洞口位置处于建筑中上部时，可以忽略不计洞口具体位置对顺风向总体平均风压力的影响；下开口情况下洞口内各表面较其他开口位置情况下具有更高的风载体型系数；并非洞口越小，洞内负压越大，洞口内的风载体型系数与洞口大小、洞口位置、建筑本身对来流的阻挡效应等因素有关。

（2）开洞对建筑正面和背面的风压作用均表现为减小效应，而在侧面和顶面上则可能是增大或者减小效应。从上、中、下三种开洞位置的减荷情况可以推断，高层建筑所受的静力风荷载合力作用点在邻近建筑半高处。

（3）洞口对建筑顺风向平均静力风荷载的减小作用与洞口尺寸、位置和形状等因素有关，一般的，大洞口和处于建筑上部的洞口更有利于减小静力风荷载作用；洞口形状和位置相同时，风荷载减小的相对值与开洞率间呈线性关系，曲线的具体表达式还与模型高宽比、宽厚比有关。洞口面积和位置相同情况下，圆形、方形和矩形开洞减小风荷载的效率依次降低。

（4）下开口情况下洞内风速增大效应最强，增大效应与洞口的大小和来流的方向密切相关，洞口大小适中时，增大效应最为明显。在洞口尺寸相同的情况下，来流方向与洞口方向成 22.5° 时增大效应系数最高可达 2.94。此时，相应于实际建筑洞口内距地 2m 高度处的最大风速超过了建筑顶面标高处的远处来流风速，恶化了风环境，应引起设计注意。

注释：

[1] 中国国家标准. 建筑结构荷载规范 GBS0009—2001. 中国建筑工业出版社，2002

[2] 赵西安. 高层建筑结构的新设计. 中国环境科学出版社，1996：160～176

[3] 王春刚. 巨型高层开洞建筑刚性模型风洞试验研究. 哈尔滨工业大学硕士学位论文，2003：74～80

[4] Hitomitsu Kikitsu, Hisashi Okada. Open passage design of tall buildings for reducing aerodynamics response. Wind Engineering into the 21st century. Larose, Larose & Livesey Press, 1999：667～672

[5] 张耀春，秦云，王春刚. 数值风洞模拟结构静力风荷载的可行性研究. 哈尔滨工业大学学报，2004：36（11）

[6] 秦云. 结构静力风荷载数值模拟研究. 哈尔滨工业大学博士学位论文，2004：31

计算流体动力学在建筑风工程中的应用*

秦 云

(昆明市建筑设计研究院)

摘要：简要介绍了风工程的三种研究方法及各自的优缺点，展示了计算流体动力学（CFD）在参数分析和足尺研究中的优越性，讨论了CFD中数值分析的相关问题和引入湍流模型的必要性，CFD对流场平均特性的描述已达到实用化程度，而脉动风载效应和风—结构相互作用问题还有待进一步研究。结合几个工程实际问题，阐述了CFD在建筑规划、防火、采暖、通风及结构领域的应用前景。

关键词：建筑风工程 计算流体动力学 大涡模拟 湍流模型

空气无时不与我们同在，空气的流动就是我们通常所说的风。在古代，人们就会利用风来为自己服务，制造了帆船和利用风能的水车，但风对人类来说在相当长的一段时间里一直是个未解之谜。当科学技术有了很大的进步和社会有需要时，便开始了对风的系统研究。

一、风工程简介

自古以来，建造房屋的人至少根据经验，已经对风这一因素有所认识，并在设计中多多少少粗略地有所考虑，1889年巴黎世界博览会高300m的埃菲尔铁塔的设计者，著名工程师Gustafu Eiffil是将假设的风荷载作用于结构上的第一人。直到20世纪初，随着飞机的发明和飞行器时代的到来以及社会对复杂工程系统建设的需要，才从根本上促进了与风相关的方方面面的研究，创立了空气动力学。1940年塔科马窄桥（Tacoma Narrow Bridge）完工几个月后，主跨在平均风速仅为18.8m/s的自然风作用下产生水平和扭转振动，振动着的结构在几个小时内被撕成几部分（该悬索桥的设计是至少可以抵挡风速为44m/s的稳定均匀风载作用的）[1]。这一事件极大地震动了整个工程界，引发了风对结构的效应及风载本身特性的广泛研究。国际上系统地以建筑结构风荷载和风振为中心的大规模风工程研究，大致开始于20世纪50年代末。60年代中期，出现了模拟大气边界层气流的结构风工程专用风洞，标志着风工程作为一个独立学科的建立。建筑风工程最早是以风对结构的效应为研究中心的，现在已逐渐扩展至建筑规划、建筑防火与灭火、建筑采暖与通风、建筑结构、建筑区域气候等方面。

风工程的研究方法包括现场实测、实验室模拟（主要是风洞模拟）和理论分析（包括数值计算）。现场实测是最直接的研究手段，对于检验其余两种方法的可靠程度是不可缺少

---

*本文获昆明市第九届自然科学优秀论文三等奖。

的，但它费时、费钱、费人力，而且无法在建筑物建设之前进行研究。当前主要的研究手段仍为实验室模拟，尽管现场量测平均值和脉动值与风洞研究预测值相比，其一致程度只达到中等水平，但许多现场量测却更多地暴露了现场研究的缺点。结构工程师霍尔澳森（Halvorson）和风工程师伊斯乌莫夫（Isyumov）对联合银行大厦（Allied Bank Plaza Tower）的现场实测研究明显地证实了风洞实验的合理性。北美主要城市24幢外形各异的高层建筑实测数据表明：平均说来，风洞试验显示的倾覆力矩稍低于风荷载规范描述值，约为ASCE7—88的87%和NBC的83%。虽然大多数情况下采用法规值进行结构抗风设计偏于安全，但风洞试验结果与ASCE7—88和NBC相比，分别有25%和15%的建筑物超过法规值。一般的，对于棱柱形建筑物，当其为风敏感结构或者层数超过40~50层时，都宜进行价格昂贵的风洞试验。理论分析主要有结构随机振动理论和计算流体动力学（CFD）两种方法，前者已较为成熟地用于结构顺风向和横风向亚临界范围内的随机振动分析，CFD的应用还处在起步阶段，但却显示了蓬勃生机[2]。

目前，风洞试验面临着很多困难，具体表现在：（1）试验必须采用缩尺模型，一般比例在1:200~1:1000之间，这样很多对风载效应有影响的建筑细部通常得不到合理的描述，建筑物上尺寸较小构件的风载效应也无法正确得到；（2）设计是个反复的过程，成功的建筑往往需要进行多方案比较，由于风洞试验的昂贵费用所限，实践中不可能针对每个方案都进行风洞模拟试验，结果我们得到的就可能不是一个抗风性能最优的结构；（3）风洞试验目前还不能进行强风暴风场模拟，因而也就不能对结构在罕遇风暴作用下的特性作出恰当的描述；（4）风洞试验的雷诺数较实际工程情况中的要小2~3个数量级，因而在研究对雷诺数敏感的结构风载特性时面临困难（如有切角的塔状结构）；（5）正确模拟结构的动力特征是项艰难的工作。与风洞试验相比，CFD方法可以对足尺结构和建筑实际周边环境直接进行数值模拟，在不明显增加费用的情况下，研究者可以根据研究需要很方便地改变流场和结构的相关参数，从而对研究对象进行全方位多方面的分析研究。今天CFD已成为工程界研究流体特性（包括湍流机理在内）的一个有力武器。

二、与建筑工程相关的CFD

计算流体动力学，简称CFD，是近四十年来发展起来的一门新兴学科，它已成为与理论流体力学和实验流体力学相提并论的研究方法，在后两者间起着不可替代的联系作用，广泛用于工程流场数值模拟，并在许多工业设计和生产领域作为关键技术手段融入工业产品的设计和生产过程中。20世纪60年代，CFD首先被应用于飞行器和喷气发动机的开发研究、设计和制造，而今它已经广泛应用于汽轮机叶片的设计、汽车行驶过程中空气阻力的计算、集成电路的散热分析、交通工具气动力外形优化设计等方面。在建筑实践活动中，它已开始被用来考虑风对结构的效应、城市规划、建筑火灾与灭火、建筑采暖与通风等问题，并已取得了显著的效果。大多数土木工程结构对风流动表现为钝体，结构风工程研究的重点是钝体空气动力学，建筑物在大气边界层内作为风流动中的障碍物存在，建筑物周边流动由气流撞击、分离、再附着和环绕流动等物理现象决定，这些物理现象的复杂性决定了建筑工程中的CFD包含了当今最困难的内容。

CFD所依赖的控制方程在数学上为一组偏微分方程，依赖于具体流场的特性，它们可能是椭圆型、抛物线型、双曲线型或混合型的，到目前为止，还看不到可以获得这些方程一般意义上的解析解，因而几乎只能通过数值方法得到工程实际问题的解答。选择求解问题的方法必须考虑具体的求解对象，没有哪一种方法可以宣称是绝对意义上的最优方案。理论上我们可以通过令流体密度 ρ 为常数，得到不可压缩流体的运动控制方程；但在数值分析中，用可压缩流体的计算方法来处理不可压缩流体问题（简单地令 ρ 为常数），将导致收敛速度很慢或不收敛。方程数值解的稳定性和收敛性一直是应用数学领域的研究热点，主要工作集中在探讨稳定数值计算的方法和改善收敛性的措施等方面，近二十年来已取得了很大的成绩。

湍流场内大小漩涡尺度比的量级为 $Re^{0.75}$（Re 为雷诺数），建筑工程中的雷诺数一般在 $10^5 \sim 10^8$ 之间，湍流特征量的脉动频率可达 10kHz，数值模拟中若不采用模式化处理，要想分辨最小的漩涡，则必须采用数量巨大的网格数和极小的时间步长进行求解，其计算量将是目前运算速度最快的超级计算机都难以承担的。因而在高雷诺数情况下，CFD 必须引入湍流模型。湍流模型有基于雷诺时均运动方程的经典模型和基于空间过滤运动方程的大涡模拟 LES（Large Eddy Simulation）。混合长度模型和 k—ε 模型是建立在涡粘性各向同性假设基础上的经典模型，它们都有一些各具特色的改进形式，前者在航空器外流场分析中取得了令人满意的效果，后者则是很多工业流体分析的首选模型。雷诺应力模型 RSM（Reynolds Stress Model）是一个理论上比较完美的模型，也是最为复杂的经典模型，它可以考虑涡粘性方向性的影响，RSM 也是最简单的、无需逐项修正和换算就可描述所有流场平均变量和雷诺应力的湍流模型，与 k—ε 模型相比，在三维情况下要多求解五个偏微分方程，计算量增加不少。尽管如此，随着计算机运算速度的提高，RSM 正逐渐被用来代替其他经典模型进行较为精确的流场分析。对湍流模型的研究有两条路，一是寻求构建一个适用于各种流场条件的通用封闭模式，二是寻找适用于特殊流场情况下的湍流模型，从目前来看，在第二条路上所获得的成功更为令人鼓舞。在 20 世纪 70 年代就有了 LES 的开创性工作（标准 Smagorinsky 模型，简称 SGS），近二十年来相继提出了动力 SGS（DGS）、拉格朗日动力 SGS 等改进模型，但因计算机硬件水平的限制，目前 LES 的应用还处在起步阶段，在著名 CFD 商业软件中，只有 Fluent6.0 针对不可压缩流体提供了基于 Smagorinsky—Lilly 模型的 LES 模块。LES 方法，考虑湍流场内大小漩涡具有的不同特点，对包含大多数能量运输的大涡，根据过滤方程直接进行数值求解，而对各向同性、在流场内对湍流动能起主要耗散作用的小漩涡则采用模式化处理，这样既抓住了流场的主要矛盾又在一定程度上减少了数值分析的计算量。相关的文献资料表明 LES 具有广阔的发展前途。

目前与试验数据相比，采用经典湍流模型的 CFD 已经可以得到可靠的流场平均特性描述（例如平均风压和平均风荷载等），1999 年吴江航等采用 CFX5.3（RSM 模型）模拟了厦门国际银行大厦有相邻高层建筑物影响情况下的风压，得到了与实测较为相符的数值结果[3]。1997 年 Selvam 等采用 LES 对得克萨斯科学研究建筑进行了数值分析研究[4]，分析采用了三种不同的来流条件，结果表明对平均值的预测与实测结果均吻合较好，但对峰值压力，只有根据实测数据生成脉动来流条件的数值模拟结果与实测吻合较好。对于流体—结构相互作用问题，还没有较为成熟的实用方法可供使用，工程实践中一般还是根据半经验公式来考虑相互作用对风荷载效应的影响，不同计算公式所得结果间可能会有很大的差别。理论上当我们知道气动阻尼后就可根据随机振动理论进行相互作用分析，Y. Watanabe 等提出了一个计算高层建筑和棱柱体气动阻尼的统计表达式，但不幸的是计算所需的参数还得通过时间较长的现场实测或气动弹性力天平试验来获得[5]。目前已有科学工作者开始用 CFD 研究风—结构相互作用问题，Tetsuro Tamura 等对几何形状相对简单的柱体气动弹性行为进行了

CFD 研究，成功地再现了柱体各种振动和失稳现象[6]。因此从长远来看，解决风—结构相互作用问题的希望还在于 CFD 的发展与完善。

随着科学技术的发展和人们对建筑内外环境质量的重视；除结构安全性外，功能的合理性和使用舒适性已逐渐成为设计考虑的关键因素。风除了对建筑物产生荷载效应外，还可能在城市建筑群间引起街道峡谷效应，在摩天大楼附近产生强烈的人行道风，给行人通行带来麻烦；大体量建筑的落成会显著改变建筑场地区域的局部风环境，这些问题已逐渐引起规划、开发商和设计者的重视，越来越多的建筑设计将人行道风问题列入了设计考虑因素，乌拉圭国家通讯中心大厦的设计就在风洞试验中就人行道风问题进行了相应的测试[7]。2000年 Akasi Mochida 等用 CFD 模拟了三十年来城市化进程对东京市区区域气候的影响[8]。

建筑防火是建筑规划、设计的重点环节，对火灾特性的了解是制定防火、灭火措施的依据。现行防火规范几乎都是根据标准火条件下的试验结果制定的，因而规范所给出的耐火极限值并不代表实际工程中构件的真实耐火极限，构件的耐火极限与构件的支撑约束条件、所承担的荷载、所处的空间位置以及实际火灾的特性（如火灾荷载、建筑通风等情况）密切相关。近年来随着 CFD 的发展应用，火灾模拟方法已开始由传统的区域火灾模拟向场模拟方向转移，主要涉及：（1）热、烟的输运和扩散；（2）燃烧化学反应过程的模拟。主要采用 k—ε 或 RMS 模型。LES 在这方面的应用也已开始，总体上讲 LES 可以得到较好的预测结果，但也不是绝对的。建筑灭火涉及两相或三相流场问题，相对来讲难度要大些，最新的 CFD 商业软件（如 CFX5.4.1 及 Fluent 6.0）都加入了两相流场分析的模块，一些模拟结果已被用来优化设计灭火喷头以便产生灭火效果较好的水雾。

由于相对简单的边界条件，为实现建筑内较优的采暖方案，采用 CFD 数值模拟是可行的。因要考虑不同季节、不同的使用人群等复杂情况，通风问题相对要困难些，尤其在建筑不采用机械通风时更是如此。对于气候温和地区的一些大型公共建筑，依靠合理的通风设计实现自然通风是完全可行的。昆明'99 世博会人与自然馆和云南红塔体育中心就没有设置机械通风。其中后者在通风设计中融入了 CFD，对进出风口的形状和位置进行了优化。CFD 还可以用来分析风管或中央空调管道内的流场，通过优化可以实现理想的通风和空调效果。

三、可以采用 CFD 研究的几个工程问题

（1）没有涂覆保护的钢结构构件，其耐火极限规范规定值为 15 分钟，这样在一、二级防火要求的实际工程中，就必须涂刷防火涂料以满足耐火极限要求。但对于很多大跨度、大空间钢结构建筑，屋顶距地面较高，当建筑只具有普通火灾荷载时，即使发生火灾，屋面钢结构构件承受的热量输入低于标准火条件下的热量输入；这意味着构件实际耐火极限将多于 15 分钟，甚至可能不涂刷防火涂料也能满足建筑防火的耐火极限要求，这对于节省工程造价和保持裸露结构的美观具有现实意义。由于众所周知的困难，要在试验室进行相关的参数分析研究是困难的，采用 CFD 可以解决这里所面临的困难。

（2）与 1987 年规范不同，新的建筑结构荷载规范（GB50009—2001）明确规定："对于基本自振周期 T_1 大于 0.25 秒的工程结构，如房屋、屋盖及各种高耸结构，以及对于高度大于 30m 且高宽比大于 1.5 的高柔房屋，均应考虑风压脉动对结构发生顺风向风振的影响……"根据结构的自振周期来规定是否考虑风振影响是合理的，柔性结构考虑风振影响也是必要的，问题是对于工程中的一些不规则结构，按规范计算得到的风荷载是否合理或者是否过于保守：例如城市中常见的独柱支承广告牌，其面板尺寸一般 18m×6m，面板底高

12m左右,其自振周期较长,计算所得风荷载是否考虑风振影响差别很大。在昆明地区,基本风压$0.25kN/m^2$(1987年荷载规范),B类地貌。当强度和刚度要求均能得到满足时,考虑风振影响后的风荷载设计值在$1kN/m^2$左右。笔者对十多个类似的已建结构做了调查,根据柱底连接所用的螺栓可以判定几乎没有考虑风振影响,但这些结构在建成使用的时间里,尽管经历了几次强风,却没有发生破坏。目前国内外都没有关于此类结构的气动力风洞试验结果可供参考。如果只考虑结构的一维振动,采用LES,通过联立、交叉迭代求解结构的振动方程和流场控制方程,进行相应的风—结构相互作用分析,即有可能解决此风振问题。另外该规定似乎给人以对高度不大于30m或者高宽比不大于1.5的柔性房屋可以不考虑风振影响的感觉,这是值得商榷和研究的。

(3)各国规范都只针对规则结构给出了风压或风载体形系数。日本NEC大厦(巨型框架结构,高度196m),在距地约80m处开一个$44.6m \times 12.6m$(三层楼高)的洞口,据介绍可以减少总风力25%[9];近期由哈尔滨工业大学土木工程学院与汕头大学合作完成的开洞超高层建筑模型风洞试验也表明开洞能显著减少结构所受总风力;Kikitsu等进行的风洞试验证实了建筑上部开洞或切角可以减少结构的气动力反应[10][11];从这些可以看到建筑所受的风载效应与建筑的很多细部处理有关,显然采用CFD进行参数分析、借助一定的试验和现场实测加以验证,可以得到具有规律性的研究成果。

(4)高层建筑顶部通常具有刚度较小的钢制天线、塔楼或者避雷设施;飞机场航空控制塔下部一般为混凝土结构,上部指挥塔为立柱较小的钢结构;这些结构附着于下部结构之上,显然其气动力特性会受下部结构的影响,但目前各国规范都没有相应的考虑。由于采用小比例模型模拟这些结构的动力特征存在很大的困难,进行相应的风洞试验研究阻力较大,因而随着CFD的发展和完善,借助CFD来研究这样的问题是可行的。

四、CFD中有待解决的几个问题

(1)在大雷诺数计算中,多多少少引入一些湍流模型是必要的,但现有的模型应用到钝体绕流问题时,多少都存在一些不足之处,因而构建新的模型或对现有模型进行必要的改进将是CFD的一项艰巨任务。

(2)LES在各个领域无疑是最有发展前途的,但其计算量很大,数值稳定性不太好,从应用数学的角度寻找较好的算法是个研究课题。

(3)风载脉动效应的数值模拟精度,与来流条件密切相关,研究更好的模拟实际湍流来流条件的方法,对CFD的精确计算较为重要。

(4)为减少计算量,在非重点区域,采用较粗网格是允许的,但此前有必要建立一套方法来评估网格疏密程度对计算精度的影响。

(5)寻找恰当的宏观边界条件,以便考虑较小尺寸的障碍物对流场的影响,这也是进行精确模拟和减少计算量的途径之一。

(6)在国内,CFD技术人员的缺乏是阻碍CFD在建筑领域应用的一个重要原因,有必要在建筑工程教学领域增加与CFD相关的课程。

五、结束语

CFD的飞速发展为风工程的研究手段带来了巨大的变革,CFD对流场平均特性的计算结果已经达到实用化程度，LES 代表着 CFD 的未来主要发展方向，建筑工程领域存在许多可以用 CFD 和试验相结合进行研究的课题，CFD 的发展和应用程度与计算机技术密切相关。今天的计算机运算速度是 1946 年的第一台计算机的 10 亿倍，芯片的制造技术保证未来十五年内计算机的运算能力遵循摩尔发展规律，也就是每 1~2 年速度快 1 倍。由此我们可以期待未来计算机的发展必将为 CFD 在建筑工程领域的应用带来一个新纪元。

注释：

[1] A. G Davenport. The missing links. Wind Engineering into 21stCentury. Balkema：(1999) 3~13

[2] S. Murakami. Past, present and future of CWE：The view from 1999. Wind Engineering into 21stCentury. Balkema：(1999) 91~104

[3] Wu Jianghang, Zhu Huaiqiu, Peng Gaozhu. Comparision of Simulation of Wind Load on Tall Buildings by Digital Wind. Tunnel with the Test of Atmospheric Boundary Layer Wind Tannel. 大型复杂结构体系的关键科学问题及设计理论研究论文集（2000）. 同济大学出版社，2000：56~65

[4] R. Panneer Selvam. Computation of pressures on Texas Tech University building using Large Eddy Simulation of Wind Eng. and Ind. Aerodyn. 67&68（1997）647~657

[5] Y Watanabe. N. Isyumov, A. G. Davenport. Empirical aerodynamic damping function for tall buildings of Wind Eng. & Ind. Aerodyn. 72（1997）313~321

[6] Tetsuro Tamura. Reliability on CFD estimation for wind – structure interaction problems of Wind Eng. & Ind. Aerodyn. 81（1999）117~143

[7] J. Cataldo & V. Duranona. Aerodynamic and aeroelastic study of the Telecommunications Tower. Wind Engineering into 21stCentury, Balkema：(1999) 409~416

[8] Akashi Mochida, etc. CFD study on urban climate in Tokyo – Effects of urbanization on climate. Wind Engineering into 21st Century. Balkema：(1999) 1307~1314

[9] 赵西安. 高层建筑结构的新设计. 中国环境科学出版社，1996

[10] Hitomitsu Kikitsu & Hisashi Okada. Open passage design of tall buildings for reducing aerodynamics response. Wind Engineering into 21stCentury. Balkema：(1999) 667~672

[11] Young Moon Kim, etc. Aerodynamics methods for reducing bending and torsional vibrations of tall building. Wind Engineering into 21stCentury. Balkema：(1999) 673~677

翠羽丹霞工程施工新工艺

——"顶不抹灰、地不找平"工法实践

邢马华　张锦文

(昆明二建四分公司)

摘要： "顶不抹灰、地不找平"施工工艺具有加快工程的进度、节约工程造价、克服顶棚抹灰层开裂、空鼓、脱落、地坪开裂、空鼓等质量通病，减小返修率等优点，通过翠羽丹霞工程（5万平方米，框剪结构）的工程实践，取得良好的经济效益和社会效益。

关键词： 节约　加快　克服

一、施工工艺

支撑脚手架搭架——上层水平杆找平——铺设木楞——木楞找平——层板铺设——层板补缝——层板找平——混凝土浇筑——混凝土养护——模板拆除——接缝打磨——刮水泥胶腻子——工序验收。

二、施工要点

（一）材料选择

Φ48 钢管、扣件

7×11 方楞（$l=2m$、4m 两种规格）

1.8cm 厚层板

（二）工艺要求

1. 为加强现浇板模的整体刚度。

（1）满堂脚手架立杆间距：900×900 水平横杆，300 高设一道锁脚杆 $h=1800$ 设水平拉杆，$h=2.755$ 设水平木楞支撑横杆。

（2）沿梁柱周边 2m 处 70×110 木楞间距加密@200 确保浇筑砼时施工荷载不致使该处模板局部下沉。

（3）其余位置木楞按间距@300 铺设，面积超大现浇板单元，中间木楞按加密后设置。

2. 为使板的平整度满足要求：采取两次找平，木楞铺设完毕后，必须对木楞找平一次，平整误差 2mm，经项目施工员、质量员检查、验收方准铺设层板。

3. 层板的拼缝位置需设在木楞上（确保一个方向接口）因木楞长度限制，一端层板接口不在木楞上的应在该层板下加设木楞。

4. 层板拼缝立面应用双面胶粘贴防止板面在拼缝处出现漏浆。

5. 层板补缝应靠梁边（拆模即由该处开始）。

6. 层板铺设完毕后，工长、质量员应对平整度作全面检查，同一块板误差2mm，相间2块板误差不得大于5mm。

7. 对于梁跨大于4m，起拱高度按1/1000计。

8. 现浇板铺设完成后，对板面涂刷脱模剂以利拆模时较少损坏层板，确保层板周转次数。

9. 对于使用过的层板，应进行烂边毛边清修。

10. 对砼输送管布置路线，木楞应适当加密，在梁处搭设钢管加支撑砼管，在板面搭管的码凳角部位垫钢模。

（三）工序质量控制重点

1. 标高控制。
2. 立杆间距控制。
3. 木楞平整度，层板平整度控制。
4. 梁柱周边木楞间距控制。

三、"顶不抹灰、地不找平"的优点

1. 可以避免因抹灰、找平工程所带来的地面、顶棚不平到室内装修从而两次抹灰、地面找平导致的层高减少。
2. 可以很大的节约工期从而降低工程造价。
3. 可以克服普遍存在的开裂、顶棚抹面层的空鼓脱落等通病。
4. 可以节约材料、减少楼层污染。
5. 可以减轻结构的自重。

四、工期分析

为了满足"顶不抹灰、地不找平"工艺的要求，满堂脚手架的架立、木楞的铺设、层板的铺设、层板的拼缝等施工时要设置多个控制点严格控制，并达到相应的标准，混凝土浇筑抹平后至少养护24小时，必然导致主体混凝土结构工期的加长。但比较"顶抹灰、地找平"所带来的总工期的加长，可以确定，此工艺所带来的好处不仅可以使工程总工期大大减少，工程进度计划安排有所优化，而且可以节省更多的人力、物力、财力把工程质量做得更好。

五、施工成本分析

工法的技措费一般与建设单位协商按设计图纸计算定额费用。

1. "顶不抹灰"工程造价方面

（1）预算价

天棚抹灰	1 m²
人工费	2.9元
辅材费	0.16元
主材费	3.23元

机械费	0.13 元
综合费	2.91 元
税金	0.32 元
合计	9.65 元/m²

(2) 传统成本价

人工费	8 元
材料费、机械费共计	3.52 元
管理费	0.35 元
税金	0.39 元
共计	12.26 元/m²

(3) 新工艺成本价

人工费	0 元（支砼模板时此项费用已支出）
顶棚刮腻	3.8 元
主材料费、机械费共计	0 元（支砼模板时此项费用已支出）
辅助层板费	1.75 元（周转后的分摊费用）
管理费	0.16 元
税金	0.16 元
共计	5.87 元/m²

从（1）与（2）比较预算价小于成本价，这项费用处于做一个平方米亏 12.26 - 9.65 = 2.61 元的状态，若采用新工艺成本价仅为 5.87 元/m²，可节约 9.65 +（12.26 - 9.65）- 5.87 = 6.39 元/m²。翠羽丹霞工程（5 万平方米）"顶不抹灰"可节约大约 30 万元。

2. "地不找平"工程造价方面

(1) 预算价

地找平	1m²
人工费	1.64 元
辅材费	0.36 元
主材费	3.93 元
机械费	0.14 元
综合费	1.64 元
税金	0.26 元
合计	7.97 元/m²

(2) 传统成本价

人工费	4.5 元
材料费、机械费共计	4.43 元
管理费	0.27 元
税金	0.30 元
共计	9.5 元/m²

(3) 新工艺成本价

人工费	0 元（支砼模板时此项费用已支出）
地坪刮腻	2.9 元

主材料费、机械费共计	0 元（支砼模板时此项费用已支出）
辅助层板费	1.75 元（周转后的分摊费用）
管理费	0.14 元
税金	0.14 元
共计	4.93 元/m²

从（1）与（2）比较预算价小于成本价，这项费用处于做一个平方米亏 9.5 − 7.97 = 1.53 元的状态，若采用新工艺成本价仅为 4.93 元/m²，可节约 7.97 +（9.5 − 7.97）− 4.93 = 4.57 元/m²。翠羽丹霞工程（5 万平方米）"地不找平"可节约大约 20 万元。

本工程"顶不抹灰、地不找平"这一工艺实现了从亏本到盈利的目的，总共可节约大约 50 万元。

六、总结

自从昆明二建（四分公司）应用这项新工艺以来的效果突出，已被昆明二建（各分公司）深入学习，广泛应用，成绩显著，接下来我们昆明二建会在更多的领域尝试、应用新工艺，并不断改进、完善新工艺，建设出更多的"省优"、"国优"、"精品工程"，为我们新昆明建设贡献出我们的全部力量。

浅述基坑支挡结构的应用设计和管理

杨炳庆 陈 建 黄栋华 张 林

(昆明二建建设集团有限公司)

摘要：随着城市现代化发展的需求，高层建筑基坑开挖受场地及周边环境限制，基坑支挡结构的应用越来越多。基坑支挡结构方式的合理选择是基坑支护成功与否的重要环节。关系到整个工程的安全、工期和成本。我公司在昆明地区成功实施了大量的基坑支挡工程，本文结合我公司近期完成的成功实例对"深层搅拌夹芯桩＋土钉墙"联合支护的方式进行一些初探，扼要介绍该方案的设计、施工和管理过程。

关键词：基坑支护 设计 施工。

一、工程概况

1. 工程特点

"东方上城"项目由云南东环房地产公司开发，昆明二建建设（集团）有限责任公司施工。整个工程占地约32亩，总建筑面积约9万平方米，其中A座和B座设计有一个连为一体的2层地下室，地上19层。位于昆明城东董家湾路337号，东临灵世酒店，南靠金汁河，西连董家湾路，北接昆明冷冻厂及曙光小区。场地总体东西走向呈长方形，为拆旧建新项目。基坑自2006年12月8日开工，至2007年3月底全部完工。

基坑呈不规则长方形，东西长175m，南北宽50m，自然地面沿金汁河流向从东往西高差1.5m左右，基坑开挖深度，最浅处8.3m，最深处为10.3m，为一级基坑。根据定位放线，基坑南面侧壁离金汁河堤挡墙最近处仅为0.6m；西面侧壁离老建筑（七层砖混结构住宅）1.6m，离拟建C幢七层住宅楼5m；北面侧壁离冷冻厂围墙，最近处3.5m，最远处10m；东面侧壁离灵世酒店7m。

2. 工程地质及水文地质条件

根据西南有色昆明勘测设计（院）股份有限公司提供的"东方上城"拟建场地《岩土工程勘察报告》，场地处于昆明古滇池冲湖积盆地东北部，场地浅部为人工杂填土和素填土（Q^{mL}），其下依次为冲洪积（Q^{aL+pL}）可塑状粘土（俗称硬壳层）、软塑状粘土、粉土；冲湖积（Q^{aL+L}）圆砾、砾砂；湖沼积（Q^{h+L}）粘土、粉土、泥炭质土多次循环出现，且以粘性土为主（其厚度较大），属第四系全新统厚大松软土沉积区。

根据勘察资料反映，在基坑开挖深度范围内，揭露土层主要为：①层杂填土，揭露厚度0.4~1.9m；②层粘土，揭露厚度0.5~2.6m；③层软塑粘土，其工程地质特征为：褐黄~灰褐色，饱和，软塑状态为主，少量可塑或流塑状态，属本场地中的软土层，具较高含水量，较高空隙比、高压缩性之特征。土体结构较疏松，无摇震反应，切面较光滑，韧性中等,揭露厚度0.6~5.2m;②-2层粉土,揭露厚度0.5~1.3m;③层圆砾,其工程地质特征为:灰~灰绿色,砾石Φ2~20mm为主,最大达50mm,亚圆形,含量50.0%~68.6%,平均60.1%,成分为石英砂岩、玄武岩,充填物以砂、粉粒为主;湿,稍密~中密状态,低压缩性;部分地段有结构密实的铁核质胶结块。揭露厚度0.5~4.4m;③-1层砾砂,揭露厚度0.8~1.0m。

据《岩土工程勘察报告》描述,地下水稳定埋深为0.43~1.90m,水位差1.87m,场地地基土层的主要含水层③圆砾层空隙大,连通性好,地下水径流较快,属强透水层。地下水类型属第四系空隙型微压水,主要连接地表生活用水,大气降水及金汁河河水渗入补给,向低洼处径流排泄。

二、工程设计

1. 方案选取

从场地地质条件、水文地质条件、施工现场、施工现场周边环境,基坑护壁必须采用有效的支护方式。经多方案比较及我公司深基坑施工成功经验,遵循安全可靠和经济合理的原则,结合地下室结构特点和施工要求,经各方案比较,及我公司对深基坑支护施工本项目方案根据不同地段采取不同的支护方案,总体方案为"深层搅拌夹芯桩+土钉墙组合支护方式"。支护设计采用《北京理正深基坑支护设计软件》计算。

2. 设计依据

①甲方提供的东方上城拟建场地《岩土工程勘察报告》及该工程基础平面布置图
②甲方提供的相关参数
③《建筑基坑支护技术规范》(JGJ120-99)
④《建筑与市政降水工程技术规范》(JGJ/T111-98)
⑤《混凝土结构设计规范》(GB5000-2002)
⑥蒋国盛等:《基坑工程》,中国地质大学出版社,2000
⑦邻近工程施工资料

3. 设计原则

①符合现场施工条件和环境要求,施工技术优化、可行。
②保证基坑干燥、安全。
③施工工期合理。
④维护邻近建筑物的安全和稳定。
⑤在保证安全、可行的基础上,尽量降低工程造价。

4. 基坑支护结构设计

具体支护形式如下:

①南面金汁河毛石挡墙段长175m,开挖深度6.8m,距金汁河堤仅0.6m,金汁河挡墙高于自然地面3.5m,总高为10.3m;设计计算的主要目的为控制坑口位移和沉降,以及进行基坑抗滑移、抗倾覆、抗管涌和整体稳定性验算。采用"双排深搅桩+土钉+锁口梁"支护。其中深搅桩长11.0m,外排深搅桩中间插入9m长的16号工字钢@600,基坑开挖前先用气动钳孔钻沿挡墙脚钻Φ100孔、水平间距1500mm,然后打入Φ50×3.8全段锚固钢管锚杆,钢管内灌浆采用间歇式压力灌浆,直至挡墙顶部冒浆,使挡墙后土体与挡墙形成一个整体。坑口下第一排锚杆为预应力锚杆,并与腰梁连接,锚杆锁定值为7t,锁口梁断面为

900mm×400mm，临坑面配 4Φ22 钢筋，临土面及腰筋为 7Φ18，设四肢箍 Φ8@200。

②西面靠老建筑（七层砖混结构住宅）及 C 幢七层住宅楼段长 50m，开挖深度 6.8m，坑口距原有建筑物仅 1.6m。设计计算的主要目的为控制坑口位移和沉降，以保证原有建筑物的安全。采用"双排深搅桩+土钉+锁口梁"支护，其中深搅桩长 15.0m，外排深搅桩中间插入 9m 长的 16 号工字钢@600，坑口下第一、第二排锚杆为预应力锚杆，并与腰梁连接，锚杆锁定值为 7t，锁口梁同上。

③北面靠冷冻厂围墙段长 174m，开挖深度 5.3m，坑口边需满足载质量为 10 吨载重汽车通行。采用"单排深搅桩+土钉"支护，其中深搅桩长 11.0m，深搅桩中间插入 9m 长的 φ50×3.8 钢管@600。为减少临坑面长度、增强薄弱地段刚度，将中间段 60m 长作加固段设双排深搅桩、外排深搅桩中间插入 9m 长的 16 号工字钢@600。坑口下第一、第二排锚杆为预应力锚杆。第一排锚杆长度加长为 18m，增加第一排锚杆灌浆量到 50~60kg/m、直至地面有泛浆。

④喷锚面层设计。喷射砼设计强度 C20，设计配比为水泥、砂、瓜子石，喷射厚度 100mm，钢筋网 Φ6.5@200×200，拉结加强筋 Φ14，保护层厚度 30mm。

5. 设计验算
（1）计算桩长及入土深度；
（2）计算悬臂段的主动土压力及锚固段的被动土压力；
（3）分别进行墙面抗倾覆验算、墙底整体抗滑验算、墙身强度验算及抗渗验算；
按水泥土墙支护建模（由于篇幅所限本文只选取一个断面示例）：

[土层参数]

层号	土类名称	层厚（m）	重度（kN/m³）	浮重度（kN/m³）	粘聚力（kPa）	内摩擦角（度）
1	杂填土	4.00	19.1	——	18.00	12.00
2	素填土	1.00	17.0	19.0	22.00	8.00
3	粘性土	1.60	17.0	18.0	30.00	8.00
4	粉土	0.72	18.0	20.0	22.00	12.60
5	圆砾	2.50	18.0	10.0	22.00	28.00
6	砾砂	2.80	18.0	10.0	23.00	27.00

层号	与锚固体摩擦阻力（kPa）	粘聚力水下（kPa）	内摩擦角水下（度）	水土	计算 m 值（kN/m³）	抗剪强度（kPa）
1	16.0	——	——	——	3.48	——
2	20.0	20.00	19.00	合算	2.68	——
3	35.0	15.00	8.00	合算	2.38	——
4	70.0	35.00	13.00	合算	6.50	——
5	200.0	26.00	27.00	合算	1.22	——
6	200.0	30.00	28.00	合算	1.08	——

[水泥土墙截面参数]

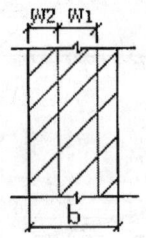

水泥土墙截面示意图

水泥土墙厚度 b（m）	0.800
水泥土弹性模量 E（10^4MPa）	1.750
水泥土抗压强度 P（MPa）	5.000
水泥土抗拉/抗压强度比	0.060
水泥土墙平均重度（kN/m³）	22.000
水泥土墙底摩擦系数	0.250

水泥土墙台阶数		1
台阶编号	台阶宽度 w_i（m）	台阶高度 h_i（m）
1	0.600	3.500

[结构计算]

* * * * * * * * * * * * * * 截面（3.50m ~ 12.62m）* * * * * * * * * * * * * *

①采用弹性法计算结果：

a. 基坑内侧计算结果：

计算截面距离墙顶7.82m，弯矩设计值 = 1.25 × 1.00 × 149.74 = 187.18kN·m

压应力验算：

$1.25\gamma_0\gamma_{cs}z + \dfrac{M}{W} = 1.25 \times 1.00 \times 22.00 \times 7.82 + \dfrac{187.18}{0.09} = 2.28 < f_{cs} = 5.00$

抗压强度满足！

b. 基坑外侧计算结果：

计算截面距离墙顶7.90m，弯矩设计值 = 1.25 × 1.00 × 78.31 = 97.89kN·m

压应力验算：

$1.25\gamma_0\gamma_{cs}z + \dfrac{M}{W} = 1.25 \times 1.00 \times 22.00 \times 7.90 + \dfrac{97.89}{0.09} = 1.30 < f_{cs} = 5.00$

抗压强度满足！

②采用经典法计算结果：

A. 基坑内侧计算结果：

计算截面距离墙顶5.81m，弯矩设计值：1.25 × 1.00 × 22.71 × 28.39kN·m

a. 压应力验算：

$1.25\gamma_0\gamma_{cs}z + \dfrac{M}{W} = 1.25 \times 1.00 \times 22.00 \times 5.81 + \dfrac{28.39}{0.09} = 0.47 < f_{cs} = 5.00$

抗压强度满足！

b. 拉应力验算：

$\dfrac{M}{W} - \gamma_{cs}z = \dfrac{28.39}{0.09} - 22.00 \times 5.81 = 0.19 < 0.060 f_{cs} = 0.30$

抗拉强度满足！

B. 基坑外侧计算结果：

计算截面距离墙顶7.57m，弯矩设计值 = 1.25 × 1.00 × 27.03 = 33.79kN·m

a. 压应力验算：

$1.25\gamma_0\gamma_{cs}z + \dfrac{M}{W} = 1.25 \times 1.00 \times 22.00 \times 7.57 + \dfrac{33.79}{0.09} = 0.58 < f_{cs} = 5.00$

抗压强度满足！

b. 拉应力验算：

$\dfrac{M}{W} - \gamma_{cs}z = \dfrac{33.79}{0.09} - 22.00 \times 7.57 = 0.21 < 0.060 f_{cs} = 0.30$

抗拉强度满足！

式中　γ_{cs}——水泥土墙平均重度（kN/m³）；

　　　z——由墙顶至计算截面的深度（m）；

　　　M——单位长度水泥土墙截面弯矩设计值（kN·m）；

W——水泥土墙截面模量（MPa）；
f_{cs}——水泥土抗压强度（MPa）；

[锚杆计算]（略）

[整体稳定验算]

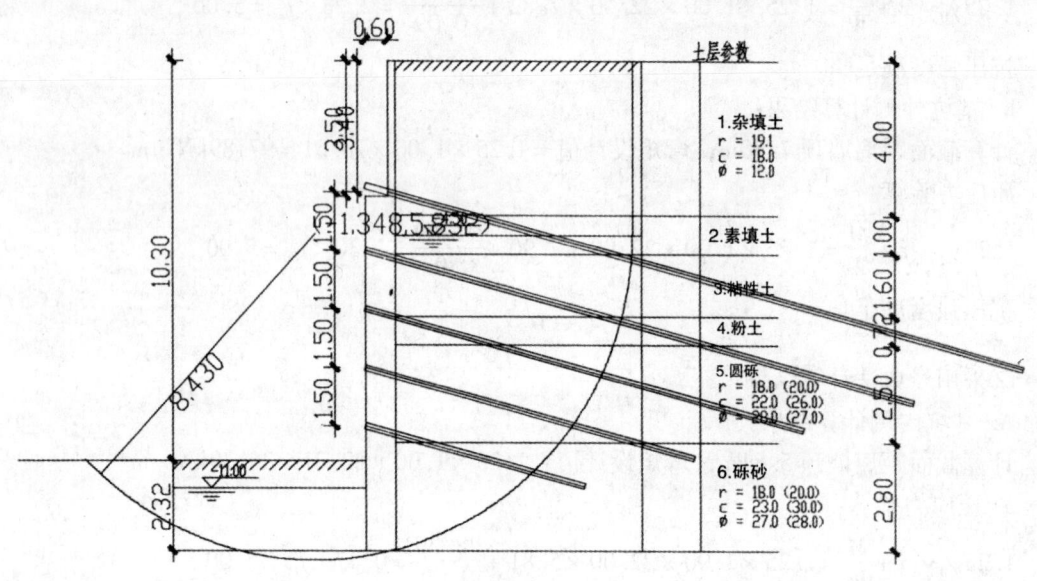

整体稳定验算简图

计算方法：瑞典条分法
应力状态：总应力法
条分法中的土条宽度：0.50m

滑裂面数据
整体稳定安全系数 $K_s = 2.005$
圆弧半径（m） $R = 8.430$
圆心坐标 X（m） $X = -1.348$
圆心坐标 Y（m） $Y = 5.832$

[抗隆起验算]

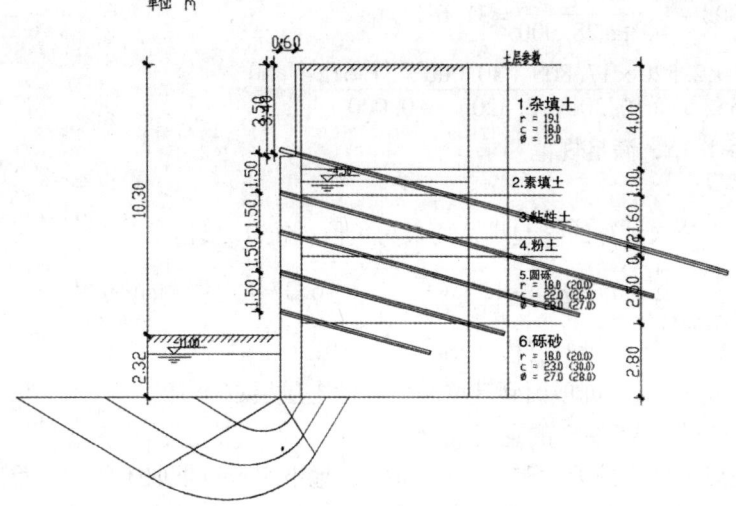

抗隆起验算简图

Prandtl（普朗德尔）公式（$K_s \geq 1.1 \sim 1.2$），注：安全系数取自《建筑基坑工程技术规范》YB 9258-97（冶金部）：

$$K_s = \frac{\gamma D N_q + c N_c}{\gamma (H+D) + q}$$

$$N_q = [\tan(45° + \frac{\varphi}{2})]^2 e^{\pi \tan\varphi}$$

$$N_c = (N_q - 1) \frac{1}{\tan\varphi}$$

$$N_q = [\tan(45 + \frac{28.000}{2})]^2 e^{3.142\tan 28.000} = 14.720$$

$$N_c = (14.720 - 1) \frac{1}{\tan 28.000} = 25.803$$

$$K_s = \frac{19.397 \times 2.320 \times 14.720 + 30.000 \times 25.803}{21.553 \times (10.300 + 2.320) + 0.000}$$

$K_s = 5.281 \geq 1.1$，满足规范要求。

Terzaghi（太沙基）公式（$K_s \geq 1.15 \sim 1.25$），注：安全系数取自《建筑基坑工程技术规范》YB 9258-97（冶金部）：

$$K_s = \frac{\gamma D N_q + c N_c}{\gamma (H+D) + q}$$

$$N_q = \frac{1}{2} \left[\frac{e^{(\frac{3}{4}\pi - \frac{\varphi}{2})\tan\varphi}}{\cos(45° + \frac{\varphi}{2})} \right]^2$$

$$N_c = (N_q - 1) \frac{1}{\tan\varphi}$$

$$N_q = \frac{1}{2} \left[\frac{e^{(\frac{3}{4} \times 3.142 - \frac{28.000}{2})\tan 28.000}}{\cos(45° + \frac{28.000}{2})} \right]^2 = 17.808$$

$$N_c = (17.808-1)\frac{1}{\tan 28.000} = 31.612$$

$$K_s = \frac{19.397 \times 2.320 \times 17.808 + 30.000 \times 31.612}{21.553 \times (10.300 + 2.320) + 0.000}$$

$K_s = 6.432 \geq 1.15$,满足规范要求。

[隆起量的计算]

注意：按以下公式计算的隆起量，如果为负值，按 0 处理！

$$\delta = \frac{-875}{3} - \frac{1}{6}\left(\sum_{i=1}^{n}\gamma_i h_i + q\right) + 125\left(\frac{D}{H}\right)^{-0.5} + 6.37\gamma c^{-0.04}(\tan\phi)^{-0.54}$$

式中： δ——底面向上位移（mm）；

n——从基坑顶面到基坑底面处的土层层数；

ri——第 i 层土的重度（kN/m³）；

地下水位以上取土的天然重度（kN/m³）；地下水位以下取土的饱和重度（kN/m³）；

hi——第 i 层土的厚度（m）；

q——基坑顶面的地面超载（kPa）；

D——（墙）的嵌入长度（m）；

H——基坑的开挖深度（m）；

c——桩（墙）底面处土层的粘聚力（kPa）；

Φ——桩（墙）底面处土层的内摩擦角（度）；

r——桩（墙）顶面到底处各土层的加权平均重度（kN/m³）；

$$\delta = \frac{-875}{3} - \frac{1}{6} \times (225.6 + 0.0) + 125 \times \left(\frac{2.3}{10.3}\right)^{-0.5} + 6.37 \times 21.6 \times 30.0^{-0.04} \times (\tan 0.49)^{-0.54}$$

$\delta = 103$（mm）

[抗管涌验算]

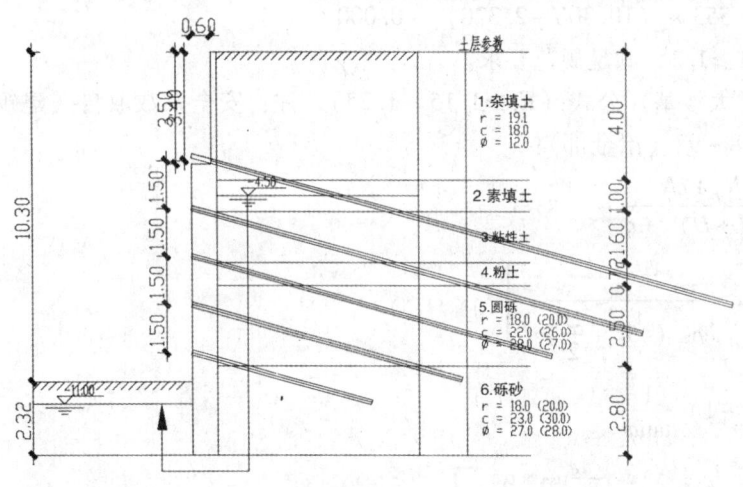

抗管涌验算简图

抗管涌稳定安全系数（$K \geq 1.5$）：

$1.5\gamma_0 h'\gamma_w \leq (h' + 2D)\gamma'$

式中：γ_0——侧壁重要性系数；

γ'——土的有效重度（kN/m^3）；

γ_w——地下水重度（kN/m^3）；

h'——地下水位至基坑底的距离（m）；

D——桩（墙）入土深度（m）。

$K = 2.319 \geq 1.5$，满足规范要求。

[承压水验算]

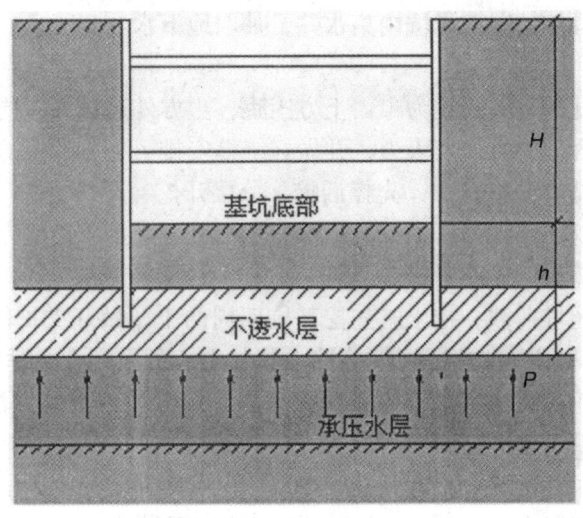

$$K_y = \frac{P_{cz}}{P_{wy}}$$

式中　P_{cz}——基坑开挖面以下至承压水层顶板间覆盖土的自重压力（kN/m^2）；

P_{wy}——承压水层的水头压力（kN/m^2）；

K_y——抗承压水头的稳定性安全系数，取1.5。

$K_y = 38.60/30.00 = 1.28 \geq 1.05$

基坑底部土抗承压水头稳定！

由以上验算结果可知，在进行了墙面抗倾覆验算、墙底整体抗滑验算、墙身强度验算及抗渗验算满足安全的基础条件下允许最大位移31.55mm、最大沉降35mm。

6. 基坑支护方案的确定

经建设单位、监理单位、云南省基坑支护专家组成员集体论证，同意按该方案实施。

三、工程施工

1. 施工准备

施工设备进场前，对施工设备进行检修，并在施工中设专人对设备进行维护和管理，确保施工顺利进行。

开工前，由项目经理和技术负责人召集所有施工人员进行施工技术和质量交底，明确各工序作业人员的职责和岗位。

项目部所有管理及操作人员必须经过业务技能培训，并按规定持证上岗。操作人员入场前，进行工程处、项目部、班组三级质量教育，确保人力资源符合质量要求。

2. 施工顺序

测量放线——深搅止水桩施工——一层土方开挖——清面修边——一层土钉施工——挂钢筋网——焊加强筋——喷一层坑壁砼——土钉灌浆——二层土方开挖——清面修边——二层土钉施工——挂钢筋网——焊加强筋——喷二层坑壁砼——土钉灌浆——重复以上工序至设计基底。

3. 基坑降水

从场地地质条件、水文地质条件分析，基坑开挖前，在基坑内设置人工挖孔降水井。土方开挖时，根据场地具体情况挖设坑内集水井，抽取地下水。

4. 土方开挖

本基坑工程土方开挖量大，且为市内土方工程，土方外运量大，同时土方开挖又要配合喷锚施工，需配置好合理的机械及人力，并做好统筹安排，土方开挖的顺序、方法必须与设计工况相一致，并遵循"开挖支撑、先撑后挖、分层开挖、严禁超挖"的原则。

①本基坑土方开挖必须在静压护壁桩、深搅止水桩、降排水设施完成后方能施工，并且保证深搅止水桩施工7天后才能开挖。

②基坑周边严禁超堆荷载，挖土时先挖基坑四周的土，做好支护体系后再挖中间的土。在地表下4.50m范围内用2台挖掘机直接挖土、装土；可采用在合适的位置放坡，预留通道开挖的办法，避免挖机无法直接挖土装车，采取分层分段挖土的方法，整个基坑分4~5次开挖，每层分层厚度1.5m左右。

③根据现有场地实际情况，土方开挖顺序总体上由南向北挖土，最后的土方堆积在场地南北侧装车运走。基底以上0.3m厚的土层由人工清挖至设计标高，堆放后用挖掘机装车外运。

④基坑开挖要紧密配合喷锚施工，在每一次土方开挖时均应先沿基坑四周开挖一条宽4.0m、深1.5m的沟槽作为喷锚施工工作面，并根据开挖土层情况采用不同开挖方法。遇粉土时必须采用间隔开挖，挖土时要有专人指挥，放出开挖线，防止出现失误挖走深层搅拌桩。土方开挖严禁超挖，严禁挖成倒坡，开挖深度、长度由现场工程技术人员确定，下层土方开挖必须在上层支护体系施工完成两天后进行，其他必须符合基坑开挖验收规范及施工的要求。

⑤挖土时派专人指挥，夜间施工不能鸣喇叭，以免影响居民休息。在出入口处铺垫不少于100mm厚的碎石或碎砖块，尽量避免车轮粘上泥土，在出口处安置水龙头，发现车轮上粘土马上冲洗。

⑥土方开挖是一种卸载过程，其开挖过程就是应力的释放过程，即由开挖前的静态平衡发展到动态平衡状态。如果基坑开挖后暴露时间太长或基坑积水，或孔隙水压力升高，都将明显降低土体的抗剪强度，导致基底隆起、边坡失稳、支护结构位移等。因此，基坑开挖过程中，要严格做好降排水工程，基坑支护至基底标高后应尽快进行基底检查验收、基坑封底和基础施工。

5. 喷锚支护施工

①支护施工工艺流程及要求

土方开挖──→修坡──→锚杆施工──→挂网──→喷射砼──→注浆──→土方开挖。

基坑支护施工随基坑土方开挖交叉同步进行,要求锚杆施工的速度要快,要尽早在开挖后对土体形成封闭。

基坑支护施工前应查明基坑周围地下管线,锚杆施工应避开管线,并严格结合周边住宅区桩位布置图,避开与桩相碰,让开桩位,否则加密加长锚杆。

支护工作面挖出后,应及时支护并应坚持边壁位移监测,并根据所反馈信息及时调整各项施工参数。

②锚杆施工及锚杆注浆

对锚杆打入角度、土钉制作、土钉灌浆、锚杆接头、钢筋焊接等关键工序要严格控制好,达到规范或设计要求。

土钉材料使用 $\Phi 48mm$ 钢管,管身通长钻有 $\Phi 10mm$ 透浆花眼,花眼间距为 300~400mm,并焊有抗拔齿。

锚杆制好后,使用气动潜孔击管机按设计倾角和长度打入坑内土体中,要求孔位误差不大于200mm,土钉接头用 $3\Phi 14$ 钢筋焊接、搭接好,长度为150mm,确保搭接处锚杆强度。

锚杆注浆的质量好坏,直接关系到整个工程的成败,因此,要求每根锚杆的注浆压力与注浆量均应达标,其方法为:锚杆施工完毕,先用清水洗孔,然后用水泥浆将钢管里面的水排出然后封口压入浓浆,注浆压力为 0.2~0.6MPa,施工中同步观测地面是否抬高,是否开裂,如遇情况适当减少压浆量。注浆水泥使用 PO.32 的 $5^{\#}$ 硅酸盐水泥,水灰比≤0.5,灌浆水泥量 30~40kg/m,注浆过程中应缓慢拔出注浆管,当注浆管拔到锚杆口部时,用止浆袋加压封设止浆。每次注浆完毕及时冲洗管路,对于锚杆注浆量不足时,应重新清洗锚管,进行二次、三次、数次注浆,确保注浆量满足要求,锚杆施工即告完成。

③喷砼面层施工

坑壁修整好后挂上 $\Phi 6.5@200\times 200$ 双向钢筋网片,并用短钢筋钉入土层固定,用 $\Phi 14$ 钢筋压网焊接连接加强,最后喷上配合比为水泥、砂、瓜子石为 1:2:2 的 C20 细石砼,厚 80~100mm。水泥使用 PO.32 的 $5^{\#}$ 硅酸盐水泥,并根据实际情况掺入一定数量的速凝剂。

6. 工程监测及信息化管理

(1) 监测目的

根据地勘报告及基坑支护方案,基坑开挖深度大,场地工程地质条件较差,且周边建筑物较多,为保证施工及周边建筑物安全,施工中对基坑进行变形监测,反馈相应信息,及时调整设计及施工方案,做到信息化施工,确保工程顺利进行。

(2) 监测内容

该基坑安全等级为一级,根据基坑开挖的范围及深度布置相应监测措施,结合《建筑基坑支护技术规程》(JGJ120—99)及《建筑基坑工程技术规范》(YB 9258—97)的相应要求,基坑监测内容为:

对开挖的各基坑壁顶部进行沉降、水平位移监测(使用仪器监测)。

对开挖线周围的道路、管线等市政设施进行地表沉降及裂缝观测(人为观测),同时注意基坑周围地表超载状况,并做相应的记录及绘制时间与变形关系曲线图,以供施工分析使用。

对基坑周围30m以内建筑物的沉降、水平位移（使用仪器监测）、倾斜程度及裂缝（人为观测），并做记录，以反馈分析基坑开挖施工对周围建筑物的影响程度。

开挖后对基坑底部土体的回弹和隆起、地下水位及基坑的渗、漏水情况进行观测，也应做相应的记录。施工中还应对周围重要的市政设施及管线的变形、破损情况进行巡检。

（3）监测点的布置及监测方式

根据监测对象及内容，将现场的监测点分为3类进行布置。J_1类监测点主要监测基坑开挖后坑顶部水平、垂直位移。监测点沿基坑开挖线两端及中间位置布置，各点间距在30～40m左右，采用仪器进行监测。J_2类监测点为与基坑周边距离在25m（即三倍基坑开挖深度）范围内的永久性建筑物，主要监测建筑物的沉降及倾斜程度。每幢建筑物于其角点处设置1～2个监测点，采用仪器进行监测。J_3类监测点为随机性监测点，即对基坑周围表土的沉降、裂缝，支护结构的变形及裂缝，周边建筑物、坑壁的开裂变形，地下水位的变化、渗漏及周围道路、管线等市政设施的变形、损坏等进行监测。由于该类监测对象的变形破坏随基坑施工的深入而呈动态变化；监测点位置随变形地点出现而定，因此不在监测平面图中标出。而一旦其位置确定后，应在监测图中补充。该类点监测时由监测人员在现场做相应标记，进行人工观测并记录。

上述三类监测点均以仪器进行监测为主，并结合人工观测及目测对基坑进行全方位监测。

（4）监测结果

该项目基坑位移及沉降观测点按逆时针方向共布置16个，位移变形量2～8mm，沉降变形量3～10mm，周边建筑物没有产生不均匀沉降及明显的变形。

四、结论与体会

（1）基坑支护是一种特殊的结构方式，如何安全，合理地选择合适的支护结构并根据基坑工程的特点进行科学的设计，合理的施工，做到具体问题，具体分析，从而选择经济适用的支护结构，是基坑支护工程要解决的主要课题。

（2）基坑变形的大小是基坑安全的重要尺度，为了减少基坑变形，通过施加预应力的方法和采用深搅对基坑底部土体进行加固，从而达到控制基坑变形的技术将得到广泛应用。

（3）精心施工，科学管理充分发挥公司集团在技术、资金、安全和质量保证体系上的优势，是基坑支护施工安全、可靠的重要保证。

（4）本工程的要点：

①深层搅拌桩如何穿过厚度达0.5～4.4m的③层圆砾层，部分地段还有结构密实的铁核质胶结块层，是本工程围幕止水的关键工序，在工程实施中我们采用在搅拌叶片下焊接部分合金钢钻头，使之容易地穿过圆砾层，搅拌后形成较强的柱状固结体。

②钢管锚杆施工时，认真查阅工程地质报告，避免锚杆进入（或穿过）②-1层软塑粘土，以免锚杆失效。

建筑设备

大理中民酒店中央空调冷热源及卫生热水热源方案的确定

——谈地表水水源热泵系统的应用

罗建方　李颂席　耿海波　沈　荣

（昆明市建筑设计研究院有限责任公司）

摘要： 通过对项目所在地气象资料、水文资料的研究，结合本项目五星级旅游酒店的建设标准，充分利用项目紧邻西洱河的水源优势，采用地表水水源热泵系统满足空调系统制冷、供暖及卫生热水的需求，具有初投资少、运行费用低、环保等特点。

关键词： 水源热泵　空调　经济性

一、项目概况

大理中民酒店位于我国著名的旅游城市大理，紧临洱海的出水河道西洱河边，建筑总面积为105584.36m²，主要功能为五星级标准酒店、商业街区等。项目分A、B、C三区，其中B、C区为商业街区，不考虑设置中央空调系统和集中的卫生热水系统。A区为五星级旅游涉外酒店，A区总建筑面积为63172.82m²，其中，裙房部分一层、二层为沃尔玛超市，沃尔玛超市部分建筑面积约为18000.00m²；其余为酒店部分，建筑面积约为45000.00m²。酒店主楼高24层，设有一层地下室为车库和机电设备用房。酒店客房数为313间，24层设置一套豪华总统套房。

本项目酒店区设置冷暖中央空调系统及24小时卫生热水供应系统。

空调冷热源与卫生热水热源原则上共同考虑设置以节约设备初投资并使系统运行具有较大的使用灵活性。

二、空调冷热负荷及卫生热水负荷计算

1. 酒店区空调冷负荷

按传递函数法计算，酒店各功能区（公共部分、餐厅、KTV、会议、客房）的累计计算空调冷负荷（未包括总统套房，总统套房层设置独立的小型中央空调系统）约3318kW，综合考虑酒店各功能区空调负荷特点、使用特点、系统设置特点及同类项目的使用经验，取综合同时使用系数0.7，空调装机冷负荷约为2322kW（660USRT）。设计额定冷冻水供回水温度：7/12℃。

2. 酒店区空调热负荷

按各区室内设计温度及大理冬季采暖设计温度，综合考虑高度附加、风力附加等因素根据传热学计算，酒店各功能区的累计计算空调热负荷（未包括总统套房）约2470kW，综合考虑酒店各功能区空调负荷特点、使用特点、系统设置特点及同类项目的使用经验，取综合同时使用系数0.85，空调装机热负荷约为2099kW（180×10^4kcal/h）。设计额定采暖热水供回水温度：40℃~45℃/45℃~50℃。

3. 卫生热水热负荷

包括宾馆客房、厨房、洗衣房、游泳池及员工用热水负荷，经计算，卫生热水小时最大热负荷为2052kW。卫生热水供水温度要求不低于55℃。

4. 装机冷热负荷的确定

热负荷：根据酒店五星级的建设标准，装机热负荷为空调热负荷和卫生热水小时最大热负荷之和，为4151kW。

冷负荷：空调装机冷负荷为2322kW（660USRT）

三、冷热源方案技术经济比较

（一）本项目可选择的冷热源方案

根据同类项目的设计及使用经验，并结合《公共建筑节能设计标准》，本项目的中央空调冷热源及卫生热水热源有以下三种方案可供选择：

方案一：空气源热泵机组（夏季制冷、冬季供暖及全年卫生热水）+冬季辅助燃油热水机组；

方案二：水源热泵机组（夏季制冷、冬季供暖及全年卫生热水）；

方案三：夏季水冷螺杆（或离心）机组制冷+燃油热水机组制热（卫生热水+冬季采暖）。

在上述三个方案中，因云南柴油价格较高且在短缺时难以百分之百保证，从目前云南部分使用燃油机组（包括溴化锂直燃式冷热水机组）的酒店的运行费用的了解，运行费用均较高，并且从建筑总图上看，设置较大容量的室外地下储油设施有一定困难，因此，方案三不予以考虑。因大理夏季室外气温不高，冬季室外气温低于0℃的时间很少，因此，具备使用空气源热泵的良好的基础条件。而本项目紧临西洱河边，按水文部门提供的资料显示，在冬季枯水季节的流量尚有3000L/s，河面以下3.0m冬季水温基本稳定在9℃以上，具备全年正常使用水源热泵机组的条件。因此，对空气源热泵机组方案和水源热泵机组方案作经济技术比较。

（二）空气源热泵机组和水源热泵机组的特点分析

1. 空气源热泵机组（风冷热泵机组）的特点

（1）空气源热泵机组一机三用（制冷、供暖及卫生热水），转换方便。

（2）机组可任意放置屋顶或地面，没有机房设施和冷却水塔系统，不占用有效使用面积。同时安装施工工作大为简便。

（3）由于机组在运行过程中是全电脑自动控制，所以日常不需要专业技术人员管理维护。

（4）在室外温度-5℃甚至是低于0℃时启动困难，需增加辅助电加热。

（5）设备COP值在2.8~3.2之间，相比其他制冷机组并不高，但在制热状态大大优于电热机组。

（6）运行费用高。

(7) 对室外环境噪声要求较高的区域，需要作一定的噪声处理。

2. 水源热泵机组的特点

(1) 水源热泵机组概念

水源热泵机组以水为载体，采集来自湖水、河水、地下水及地热水，甚至工业废水、污水的低品位热能，借助热泵系统，通过消耗部分电能，将所取得的能量供给室内取暖；在夏季把室内的热量取出，释放到水中，以达到夏季制冷的目的。

(2) 水源热泵特点

①环保效益显著

水源热泵是利用了地表水作为冷热源，进行能量转换的供暖空调系统。供热时省去了燃煤、燃气、燃油等锅炉房系统，没有燃烧过程，避免了排烟污染；供冷时省去了冷却水塔，避免了冷却塔的噪音及霉菌污染，也不产生任何废渣、废水、废气和烟尘。

②高效节能

水源热泵机组可利用的水体额定温度冬季为12.22℃，水体温度比环境空气温度高，所以热泵循环的蒸发温度提高，能效比也提高。而夏季水体为18℃~35℃，水体温度比环境空气温度低，所以制冷的冷凝温度降低，使得冷却效果好于风冷式和冷却塔式，机组效率提高。据美国环保署EPA估计，设计安装良好的水源热泵，平均来说可以节约用户30%~40%的供热制冷空调的运行费用。

③运行稳定可靠

水体的温度一年四季相对稳定，水体温度较恒定的特性，使得热泵机组运行更可靠、稳定，也保证了系统的高效性和经济性。不存在空气源热泵的冬季除霜等难点问题。

④一机多用，应用范围广

水源热泵系统可制冷、供暖、卫生热水，一机多用，一套系统可以替换原来的锅炉加空调的两套装置或系统。

⑤自动运行

水源热泵机组工况稳定，部件较少，机组运行简单可靠，维护费用低；自动控制程度高。

⑥运行费用低

根据各地的水源使用政策和项目所在地水源使用条件，一次性投资及运行费用会有所不同。但总体来说，水源热泵的运行效率较高、费用较低。

(3) 水源热泵可利用的水源条件

水源热泵理论上可以利用一切的水资源，但在实际工程中，利用何种水资源需根据当地的水资源政策确定。水源热泵利用方式中，有闭式系统和开式系统两种，如有合适的水源开式系统的运行成本较低。对开式系统，水源要求必须满足一定的温度、水量和清洁度。

(三) 空气源热泵系统和水源热泵系统的投资比较

如采用空气源热泵方案，设置5台EMSRAN-NT2242型风冷螺杆式热泵，额定制热量约为804kW，额定制冷量为724kW。3台用于空调全年的制冷和制热，2台用于全年卫生热水的制备。本方案主机系统投资估算为425.00万元。

如采用水源热泵机组方案，设置5台WPS200.2螺杆式水源热泵机组，3台用于空调全年的制冷和制热，2台用于全年卫生热水的制备。本方案主机系统投资估算为402.00万元。设备投资估算见附表1。

（四）空气源热泵系统和水源热泵系统的运行费用比较

1. 夏季制冷大约90天左右，每天平均运行8小时，机组运行系数为0.7，电价按0.45元/度计算。

2. 冬季供暖大约120天左右，每天平均运行16小时，机组运行系数为0.7，电价按0.45元/度计算。

3. 卫生热水运行费用：卫生热水主机全年运行，每天运行6小时，电价按0.45元/度计算。

其中，空气源热泵方案冬季制热及卫生热水需设置辅助电加热，电加热功率按装机电功率的30%计算。

经计算如采用空气源热泵方案酒店空调及卫生热水主机系统年运行费用为2454408元，水源热泵方案年运行费用为1241742元，见附表2。

（五）方案确定

综合初投资及运行费用，选择方案二即水源热泵方案。

四、采用水源热泵系统的条件

1. 本项目位于西洱河南侧，用地红线距河边不足100m，具备取水的条件。按水文部门提供的资料，西洱河水量在3~120m^3/s之间，在枯水季节水源水泵使用水量占最小河水量的5%，水量满足要求。

2. 大理市洱海保护管理局已批准本项目采用河水作水源热泵水源，按开式系统考虑。取水费用暂定为0.2元/m^3。

3. 西洱河平均水温16.2℃，最低水温8.4℃，基本满足水源热泵使用的水温条件。冬季水温度较低时，通过加大水源侧水量、降低水温差等技术措施解决。

五、水源热泵冷热源系统设计

（一）机组设置

设置5台WPS200.2螺杆式水源热泵机组，3台用于空调全年的制冷和制热，2台用于全年卫生热水的制备。通过供回水主管的连接及阀门的控制，空调用机组和卫生热水机组可互为调剂使用以满足日常检修及事故检修的需要。

（二）取水构筑物

1. 取水构筑物形式：取水构筑物设置在西洱河边，结合沿河景观设置地下取水泵房，取水高度位于枯水季节平均水位下约3米处。

2. 取水系统设计

河水取水系统是本次中央空调的重要设施，因为它是整个系统的能量来源。取水系统应着重考虑河水的回流技术、防塌陷设计、水量变频控制、水质过滤及净化、防垢除垢及取水管路系统的清洗和维护等方面。

（1）本工程整个系统需水量计算如下

夏季：419m^3/h

冬季：663m^3/h（按9.0℃河水温度和4.0℃温差计算）

（2）取水、排水系统设计

本项目中央机房设置于地下一层，就目前当地水文地质资料及场地设计情况，取水点距离机房距离约150m，如取水点位于河面下3.0m处，水泵提升高度约5m。

选用6台自吸式水泵，夏季供冷季节四用二备，冬天供暖季节一般情况下为六用。取水主管和排水管均为DN350，吸水管和排水管可交替使用，实现自动清洗，大大延长吸水口和排水口使用寿命。

水质净化设计：因河水要经过机组提供能量，为防止堵塞和腐蚀，取水管和排水管均采用钢管，滤网采用80目尼龙网两层和80目钢网一层，同时加装旋流除沙器和全程水处理器，通过物理方式保证水质。

取水节能设计：对任何建筑物而言，冷热负荷随时都在发生变化，而能量来源——河水也应随之变化，因此采用把变频泵组实现水源系统的节能运行。

（三）系统形式

1. 空调水源热泵系统：根据空调冷（热）水回水温度控制水源侧水泵变流量运行和压缩机的加卸载；过渡季节利用河水的自然冷却通过水——水换热器制备空调冷水，减少主机开机时间从而实现节能运行。

2. 卫生热水水源热泵系统：在热水侧设置水——水换热器即热源侧为闭式系统运行，卫生热水负荷侧为开式系统，水源侧根据热水侧回水温度控制水泵变流量运行。

3. 系统流程图

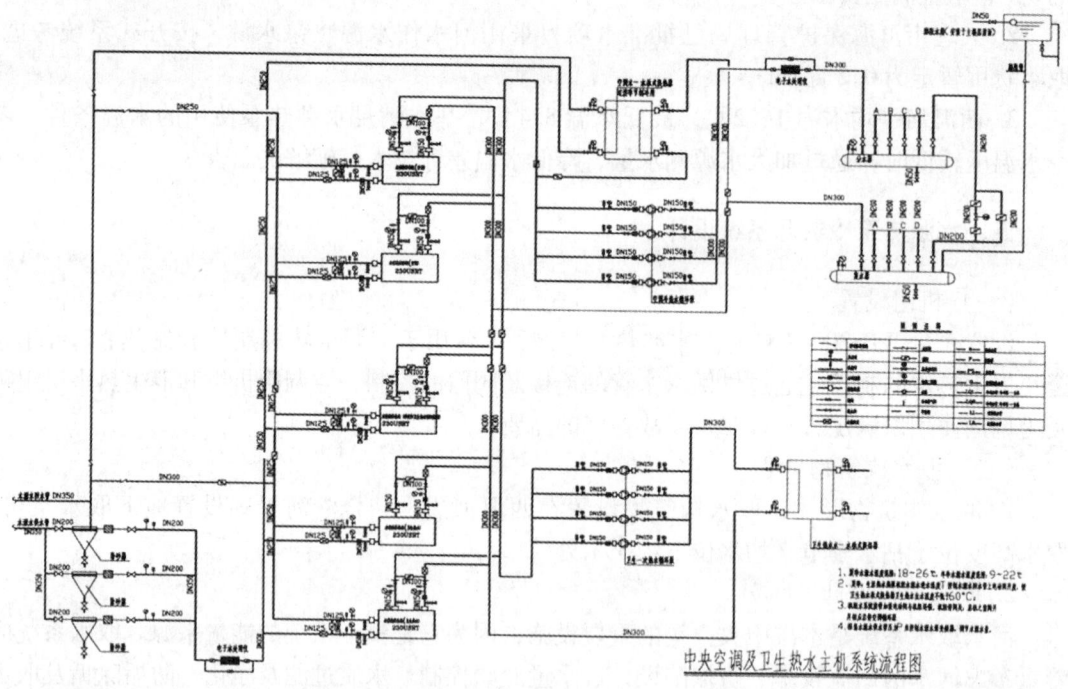

中央空调及卫生热水主机系统流程图

六、水源热泵系统施工及运行管理

1. 水源热泵系统的设备安装及管道施工和一般的水冷系统要求相同，但需要特别注意取水构筑物的施工。地表水取水构筑物受水源流量、流速、水位影响较大，施工较复杂，要针对具体情况选择施工方案。

2. 节水节电技术

水源热泵空调系统的水资源费和水源水泵运行费往往是工程系统运行费的最大开支，为合理有效利用水源，减少水源浪费和节约电费，在系统设计中应考虑采用节水和节电技术措施。

混水器为节约水源水用量，在系统中安装混水设备，一般采用容积式混水器，也可采用射流式混水器。前者体积大费用低，后者体积小费用高。

变频调速器为节约水源水量和电量，安装变频调速器控制水源水泵，取得减少耗水量和耗电量的效果

七、结论

水源热泵系统作为一种环保节能的冷热源形式，如项目具备使用地表水或地下水的条件，因其系统简单、投资少、运行费用低、维护管理方便等特点，是该大力推广。但应针对可利用地表水、地下水的水温、水量、水质等条件，配合设备生产厂对标准机组作一定的针对性设计才能满足实际的需求。

附表1 中央空调及卫生热水水源热泵主机系统初投资估算表

序号	设备名称	技术参数	数量	单位	单价（万元）	总价（万元）
一	空气源热泵机组方案					
1	空气源热泵机组（螺杆式）	$LQ=719kW$；$Q=810kW$	5	台	84	420.00
2	卫生热水-水板式换热器	$Q=1600kW$	1	台	5	5.00
	合计					425.00
二	水源热泵机组方案					
1	水源热泵机组	$LQ=719kW$；$Q=810kW$	5	台	65	325.00
2	空调过渡季节水-水板式换热器	$Q=1500kW$	1	台	5	5.00
3	卫生热水-水板式换热器	$Q=1600kW$	1	台	5	5.00
4	水源水泵（变频泵组）	$L=138m^3/h$	5	台	2	8.00
5	取水设施		1	套	50	50.00
6	旋流除砂器	$230m^3/h$	3	套	3	9.00
	合计					402.00

附表2 中央空调及卫生热水水源热泵主机系统年运行费用估算表

序号	系统名称	装机容量（kW）	日运行小时数（h）	年运行天数（天）	同时使用系数	电价（元）	运行费用合计（元）
一	空气源热泵机组方案						
1	夏季制冷	735.00	8.00	90.00	0.70	0.45	166698.00
2	冬季制热	810.00	16.00	120.00	0.70	0.45	489888.00
3	冬季辅助电加热	270.00	2.00	120.00	0.70	0.45	20412.00
4	卫生热水	540.00	6.00	365.00	1.00	1.45	1714770.00
5	冬季辅助电加热	180.00	2.00	120.00	1.00	1.45	62640.00
6	合计						2454408.00
二	水源热泵机组方案						
1	夏季制冷	486.00	8.00	90.00	0.70	0.45	110224.80
2	冬季制热	651.00	16.00	120.00	0.70	0.45	393724.80
3	卫生热水	434.00	6.00	365.00	1.00	0.45	427707.00
4	水资源使用费用（夏季制冷）	286m^3/h×8h/天×90天×0.2元/m^3					41184.00
5	水资源使用费用（冬季制热）	398m^3/h×16h/天×120天×0.2元/m^3					152832.00
6	水资源使用费用（冬季制冷）	265m^3/h×6h/天×365天×0.2元/m^3					116070.00
7	运行费用合计						1241742.60

参考文献：

[1] 国标《水源热泵机组》（GB/T19049）

[2]《地源热泵系统工程技术规范》（GB50366-2005）

[3]《公共建筑节能设计标准》（GB50189-2005）

'99世博会"人与自然馆"通风

段灼伟

（昆明市建筑设计研究院）

摘要： 利用大空间建筑的热压作用，结合昆明市气候特点，通过分析和计算，利用自然通风方式解决了建筑内部环境的通风问题，既经济又有效。真正实现了该工程"人与自然"的主题。

关键词： 大空间建筑　热压作用　风压作用　自然通风

一、引言

"人与自然馆"是昆明'99世博会五大场馆之一。该工程由三个展厅构成，每个展厅均为正六边形，总建筑面积4800m²，展厅侧面玻璃幕墙和门窗玻璃均采用18mm厚平板玻璃，屋面中心位置设一局部水平玻璃屋面以利于室内自然采光，其他部分为保温隔热复合彩板屋面，保温隔热层为80mm厚的聚苯乙烯泡沫塑料。

该工程建设方和建筑专业设计人员一致认为，结合'99世博会的主题"人与自然，迈向21世纪"若采用自然通风能满足室内空气环境质量要求，则更可以充分体现该馆的标志性意义。因而，如何结合建筑本身的空间、造型及构造特点和昆明的气候优势，利用自然通风方式解决室内排热、通风换气问题，创造良好的室内空气环境，无疑成为该工程通风设计的首要目标。

二、自然通风方案的可行性分析

昆明夏季通风室外计算干球温度为23℃，相对湿度64%，室外空气的状态非常利于通风除热。另外，该馆为大空间建筑，热压作用下的"烟囱"效应也有利于自然通风的形成和实现。

在表1所示3种自然通风换气次数条件下，模拟计算出的室外空气干球温度和室内空气平均最高温度为分析对象，进行概率统计分析如下，时间选取4月~10月（月平均温度15℃~20℃）。室外气象参数选取由30年观测记录分析整理得到的云南昆明代表年气象数据：包括逐时的干球温度、湿球温度、含湿量、水平面总辐射强度和水平面散射辐射强度。

表1　室外空气干球温度和室内空气平均最高温度概率分析统计

温度分析区间	累计小时数	0次换气次数	3次换气次数	10次换气次数
<20℃	3335	324	1832	2551
20℃~22℃	985	575	721	867
22℃~24℃	515	503	529	704
24℃~26℃	221	327	489	589
26℃~28℃	60	260	559	296
28℃~30℃	20	2413	563	96
>30℃	0	443	33	
室外最高干球温度℃	29.2			
室内平均最高温度℃		46.1	35.7	31.8

由表1可见，昆明室外空气温度平均较低，且大空间建筑物的特点给热压作用下的空气对流带来有利条件；在保持室内一定通风换气次数条件下，采用自然通风方式解决室内热负荷过大问题是可行的。

三、计算分析及结果

本文相关物理参数解释：

K——传热系数（w/m²·℃）；F——计算面积（m²）；Δt_{pi}——负荷温差的日平均值（℃）；Δt_1——计算时刻下的负荷温差（℃）；Xg——窗户的构造修正系数；J_{wt}——计算时刻下，透过无遮阳设施外窗的太阳总辐射负荷强度（w/m²）；Xd——地点修正系数；Φ——群体系数；n——计算时刻空调房间内的总人数；q_1——一名成年男子一小时里的散热量（W）；$I-T$——从人员进入房间时计算起到计算时刻的时间（h）；X_{1-t}——$I-T$时间人体显热散热量的冷负荷系数；N——照明设备的安装功率（kW）；n_1——同时使用系数；Q——散至室内的全部热量（kW）；C——空气比热（$C=1.0$kJ/kg·℃）；t_P——排风温度（℃）；t_n——室内工作地点温度（℃）；t_{wf}——夏季通风室外计算温度（℃）；Δt_n——温度梯度（℃/m）；H——排风口中心距地面的高度（m）；G_j——进风量（kg/h）；hj——进风口中心与中和界的高差（m）；ρ_{wf}——夏季通风室外计算温度下的空气密度（kg/m³）；ρ_{np}——室内空气的平均密度（kg/m³）；ζ_f——进风口的局部阻力系数；g——动力加速度（9.81m/s²）。

在合理设计自然采光的前提下，室内灯光负荷与设备发热量共同考虑为12.5w/m²，人流密度设为 0.4～0.6 人/m² 内随机变化，展厅开放时间为早 8：00～晚 8：00，期间考虑灯光、设备和人流的影响。建筑热负荷主要组成为：①屋面传热负荷；②通过外窗进入室内的对流热量，太阳辐射热量；③人体散热量；④照明散热量。

1. 热、负荷计算[1][2]

①屋面传热负荷

屋面传热系数 $K=1.2$，传热温差的衰减倍数 $\beta\approx 0.54$，波的延迟时间 $\zeta_f=5.5$，计算时刻取 $I=15$ 点 20 分，作用时刻则为 $I=\zeta_f=10$ 点，吸收系数 $p=0.9$（深色），屋面面积 $F=4320m^2$。广州该类屋面的负荷温度 $\Delta T_{I-\zeta}=22.5℃$，昆明的修正值为 $-7+(26-31.8)=-12.8℃$；故 $\Delta T_{I-\zeta}=22.5-12.8=9.7℃$

屋面计算时刻的热负荷 $QwI=KF\Delta T_{I-\zeta}=50.285kW$

②外窗温差传热及太阳辐射热负荷

A. 温差传热热负荷

外窗传热系数 $K=5.8$，外窗面积 $F=1881.6m^2$，房屋类型为中型。广州计算时刻 15 点 30 分的负荷温度 $AT_1=6.5℃$，昆明的修正值为 $-8℃$，故 $\Delta T_1=6.5-8=-1.5℃$

温差传热 $Q_{cI}=KF\Delta T_1=-16.37kW$

B. 辐射热负荷

$X_g=0.8$，外窗无遮阳，广州 15 点 30 分各朝向平均值 $J_{wI}=130W/m^2$，昆明的修正值（各朝向平均）为 $X_d=1.035$

辐射热负荷 $Q_{cI}=FXg\times DJ_{WI}=202.535kW$

外窗总热负荷 $\Sigma Q_{CI}=202.535-16.37=186.165kW$

③人体散热量

$\Phi=0.92$ $n=3000W/人$ $q_1=60/人$ $X_{I-T}=0.89$

$Q_{RI}=\Phi nq_1 X_{I-T}=147.384kW$

④灯光热负荷

$n_1=0.8$ $X_{I-T}=0.86$ $N=60kW$

$Q_{dI}=1200n_1 NX_{I-T}=9.536kW$

该馆总热负荷 $\Sigma Q=50.285+186.165+147.384+49.536=433.37kW$

2. 通风量计算

$t_{wf}=23℃$ $t_n=31.8℃$（取表 1 中 10 次/h 换气时室内平均最高温度），房屋最高点 $Hg=13m$，房屋平均计算高度 $H=6m$

房屋容积 $V=0.95FH=0.95\times 4800\times 6=27360m^3$

室内单位容积散热量 $q=\dfrac{\Sigma Q}{V}=\dfrac{433370}{27360}=15.84$（$W/m^3$）查得 $\Delta T_H=0.9$

$t_p=t_n+\Delta T_H(H-2)=31.8+0.9\times(6-2)=35.4℃$

当 $t_{wf}=23℃$ 时

$G=\dfrac{3600Q}{C(t_p-t_{wf})}=125817kg/h$（131060m³/h）

当 $t_{wf}=29.2℃$ 时

$G=\dfrac{3600Q}{C(t_p-t_{wf})}=251634kg/h$

$L = 262119 \text{m}^3/\text{h}$（合 $n = 9.6$ 次/h）

3. 所需进风面积

①按热压计算

$$F_j = \frac{G_j}{3600\sqrt{2gP_{wf}h_j(p_{wf}-p_{np})/\zeta_j}} = 48.4\text{m}^2$$

$\rho_{wf} = 1.154 \times 0.8 = 0.9232$

$P_{np} = 1.136 \times 0.8 = 0.9088$

$h_j = b\text{m}$ $\zeta_j = 3.0$（活动百叶）

单位面积进风量 $G_{dj} = 125817 \div 48.4 = 2560\text{kg/h}\cdot\text{m}^2$（$2708\text{m}^3/\text{h}\cdot\text{m}^2$）

②按风压计算

该馆建于昆明市郊区山沟中，受山形地势和本馆建筑的影响，夏季室外平均风速会大于昆明平均风速1.8m/s。在此取 $U_{pj} = 2.0\text{m/s}$ 进行计算。

单位面积进风量 $L_{dj} = 3600 \times 2 = 7200\text{m}^3/\text{h}\cdot\text{m}^2$

迎风面单位面积进风量 $L_{yj} = 2708 + 7200 = 9908\text{m}^3/\text{h}\cdot\text{m}^2$

该馆进排风百叶周围均布，考虑迎风占 $\frac{1}{3}$，背侧风面占 $\frac{2}{3}$，故综合单位面积风量

$L_{dz} = \frac{1}{3}\cdot L_{yi} + \frac{2}{3}\cdot L_{dj} = \frac{1}{3}\times 9908 + \frac{2}{3}\times 2708 = 5108\text{m}^3/\text{h}\cdot\text{m}^2$

开馆时常开启迎风面和背风面各一樘外门。其进风量 $L_M = 9908 \times (1.8 \times 2) + 2708 \times (1.8 \times 2) = 45418\text{m}^3/\text{h}$

故百叶进风口面积

$F_j = L/L_{dz} = (131060 - 45418) \div 5108 = 16.77\text{m}^2$

通过以上理论计算，当夏天单个人场馆人员按1000人计，进、排风百叶面积做到 6~8m^2 时，室内人员区域温度约为32℃左右；多轮复算，当时排风百叶面积到 18~20m^2 时，则温度可到 24℃~27℃。

4. 设计最终选用参数

每个展厅最终百叶面积设计为 25m^2，百叶可调。工程竣工5年来，世博会和其他活动期间使用效果良好。

四、结论

（1）以上通风方案的计算依据主要是理论数据，诸如风向、人员密度。当时空气状况等因素都会对自然通风的效果产生一定的影响，但只要确保百叶的面积，百叶的可调性和空气对流通畅，该通风方案是最经济、合理的。

（2）在昆明这样四季气候比较温和的地区，对于大空间公共建筑，结合建筑空间、造型和构造等特点，通过合理布置和设计进排风口，采用自然通风方式解决室内空气质量是完全合理可行的。

注释：

[1] 陆耀庆. 实用供热空调设计手册. 第一版. 中国建筑工业出版社, 1993: 498~731

[2] 湖南大学环境工程系. 空气调节冷负荷设计方法专利. 湖南大学环境工程系, 1990